普通高等教育"十三五"规划教材
化学本科专业全程实践教学体系改革实验丛书

计算机在
化学中的应用

主　编 ○ 黄兆龙
副主编 ○ 刘　卫　　陈雪冰　　苟高章

西南交通大学出版社
·成　都·

图书在版编目（CIP）数据

计算机在化学中的应用 / 刘卫总主编；黄兆龙主编
—修订本. —成都：西南交通大学出版社，2017.7
（2023.8 重印）
（化学本科专业全程实践教学体系改革实验丛书）
普通高等教育"十三五"规划教材
ISBN 978-7-5643-5564-7

Ⅰ. ①计… Ⅱ. ①刘… ②黄… Ⅲ. ①计算机应用 –
化学 – 高等学校 – 教材 Ⅳ. ①O6-39

中国版本图书馆 CIP 数据核字（2022）第 004488 号

普通高等教育"十三五"规划教材
化学本科专业全程实践教学体系改革实验丛书

计算机在化学中的应用

总 主 编 / 刘 卫　　　　　责任编辑 / 牛　君
主　 编 / 黄兆龙　　　　　助理编辑 / 黄冠宇
　　　　　　　　　　　　　封面设计 / 何东琳设计工作室

西南交通大学出版社出版发行
（四川省成都市金牛区二环路北一段 111 号西南交通大学创新大厦 21 楼　　610031）
发行部电话：028-87600564
网址：http://www.xnjdcbs.com
印刷：成都中永印务有限责任公司

成品尺寸　　185 mm×260 mm
印张　14　　字数　332 千
版次　2017 年 7 月第 1 版　　　印次　2023 年 8 月第 6 次

书号　ISBN 978-7-5643-5564-7
定价　38.00 元

课件咨询电话：028-81435775
图书如有印装质量问题　本社负责退换
版权所有　盗版必究　举报电话：028-87600562

前　言

　　计算机技术的发展日新月异，它已渗透到生产、科研、生活等领域，在现代化、信息化、自动化的文明社会里，计算机技术已经成为"三化"的技术支撑，不容置疑，整个社会已经离不开计算机科学与技术了。

　　计算机技术在化学中的应用，从早期的简单数据处理，到理论化学的复杂计算，药物设计，化学作图，化工生产控制系统，几乎无处不在。尤其是互联网的普及，计算机技术被应用到更宽、更广的信息领域，数字化资源的拓展与共享，改变了人们的思维习惯和研究习惯，促进了科学、技术的研究与应用。

　　本教材结合计算机化学的特点，结合读者已经具备的计算机知识，在大家已有的计算机知识的基础上，介绍一些与计算机关联的化学作图、化学计算、化学资源检索等基础知识和技术；同时，还介绍了计算机应用中一些中级水平的技能技巧，并适当介绍一些化学相关的编程基础，以适应计算机化学应用技术的发展要求，给有意提高计算机化学应用水平的读者提供基础的知识和临摹材料。所以，本书是一本从初级到中级水平过渡的计算机化学教材。

编　者

2016 年 11 月

目 录

1 办公软件在化学中的应用

目前，国内最常用的办公软件主要是微软的 Microsoft Office 和中国金山公司的 WPS Office，国内也有一些公司制作了与微软和金山兼容的办公软件，体积更小，功能强大，能够满足中国人办公的一般要求。例如，永中 Office，虽然只有数十兆，但它的功能比较齐全，完全能够满足一般办公要求，硬盘和内存占用小，将 Word、Excel、PPT、PDF 等模块打包在一个软件中，在同一个软件窗口中，可以打开四类文档。

由于化学文档有其专业的特点，编辑排版较为复杂，符号、公式、图标也多于其他学科的文档，因此，建议使用微软 Office 来编写化学文档，尤其是微软 Office 中的开发工具，如 VBA，使微软 Office 的应用范围更广，可提升的文档技术水平更高。因此，本章主要介绍微软 Office 的应用技术。

1.1 Microsoft Office 中的通用技术技巧

1.1.1 自定义工具栏

Word 2003 版工具界面以下拉菜单配置为主要特点，而 2007 版及以后的版本，虽然各自的界面相互间也有较大差异，但共同特点是分块的工具图标布局，基本放弃了下拉菜单的设计，将各菜单下的条目内容细化，并将同一栏目下更多的设置展开在工具栏上，将最常用、最基本的设置放在新增的"开始"栏目下，以图标形式表现，大气、美观、内容丰富，使用也更方便。针对 2003 版的工具栏，Word 提供了较大的自定义空间，用户可以根据需要和喜好增减工具栏内容。2007 版以后，自定义工具栏的用户空间很窄，当然，新的布局提供了更多的方便，不作改动也完全能满足一般用户的需要。下面重点介绍 Word 2003 版的工具栏修改方法。

根据化学文档的特点和编辑要求，工具栏最好能提供以下功能的按钮图标（2003 版默认不含）。

（1）上下角标：编辑化学式、离子式。

（2）段落左对齐：中国大陆文体习惯的排版方式。

（3）公式编辑器：化学公式及离子式编辑。

（4）表格自动求和：对 Word 表格中的数据进行求和计算。

（5）工具计算：在 Word 文档中进行简单的数学计算。

（6）页面设置：对打印文档的排版设置。

（7）横排图文框：插入图文框（文本框可以在绘图工具栏中找到）。

2003 版自定义工具栏的步骤是：

点开顶部菜单中的"工具"，从下拉菜单中点击"自定义"，弹出自定义窗口，再选中间条目"命令"，即呈现如下窗口（图 1-1）

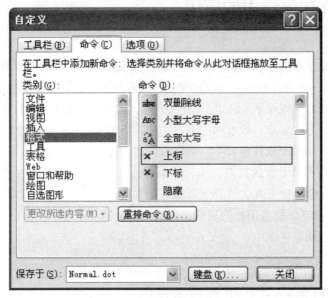

图 1-1　自定义工具栏（添加角标）

点击左边的"格式"，拖动右边右侧的滚动条，找到"上角标"图标 x^2，用鼠标左键按住图标拉到工具栏空白或适当的位置松开左键，工具栏就新增了上角标。同理，返回自定义命令窗口，找到下角标图标 x_2，拉到工具栏上。

还有几个常用工具图标也建议提到工具栏上，它们是：左对齐 ≡（编辑）；公式编辑器（插入）；自动求和（表格）；工具计算（工具）；页面设置（文件）；横排图文框（插入）。

如果不喜欢工具栏上默认的某个图标（几乎不用的），可以用鼠标左键按住该图标，拉到自定义窗口中的任何位置，然后松开左键，工具栏上的图标就消失了，需要恢复它时，再从自定义窗口中找到相关类别，从右侧找到该图标，重新拉到工具栏上即可。

图 1-2　修改后的 word 工具栏

1.1.2　自定义快捷键

Office 中提供了工具栏方便鼠标操作，同时，也提供了很多快捷键，以便让用户手不离键盘就能进行编辑和排版，履行鼠标的功能。事实上，快捷键不但使手的操作更快捷，在电脑系统的指令传输中，也快于鼠标。大家注意观察：2003 版的菜单名称后都有一个括号框住的大写字母，在 2007 以后的菜单中也会出现类似的表示，它就是快捷键的关键字。默认操作是：按下 Alt+括号内字母，即可打开下拉菜单，例如，按 Alt+F，则可打开"文件"的下拉菜单。通常，下拉菜单首先出现最常用的条目，片刻，便展现菜单的全部条目。下面的快捷键适用于大多数窗口下拉菜单：

Alt+F（文件）；Alt+E（编辑）；Alt+V（视图）；Alt+I（插入）；Alt+T（工具）；Alt+W（窗口）；Alt+H（帮助）。

此外，在 Office 软件的编辑中，还有一些比较常用的默认快捷键：

Ctrl+S（保存）；Ctrl+A（全选）；Ctrl+C（复制）；Ctrl+V（粘贴）；Ctrl+X（剪切）；Ctrl+Z（撤消键入）；Ctrl+I（斜体，再按则恢复正常）；Ctrl+U（下划线，再按则恢复正常）；Ctrl+B（黑体，再按则正常）；Ctrl+Home 键（全文首）；Ctrl+End（全文尾）；Home（同一行文字的左端）；End（同一行文字的右端）；Ctrl+=（下角标）；Ctrl+Shift+=（上角标）。重复按一次则恢复正常。

上面归纳的快捷键都是微软已经定义的默认快捷键。其实，软件也提供了自定义快捷键的方法，我们可以根据化学文档的编辑需要，定义一些新的快捷键，方便操作，提高编辑排版效率。下面介绍几种自定义的快捷键。

注意，定义快捷键时，需要确认用户指定的快捷键还没有被系统使用，否则，快捷键会出现冲突，使自定义快捷键失效。要检验拟定义的快捷键是否可用（还没有被软件默认占用），可以直接按下将要定义的快捷键，看看文档的编辑窗口有没有变化，如果没有任何变化（无弹窗，无下拉菜单，工具栏按键无下陷选中情况），表明该快捷键可用，否则，需要另选其他快捷键。一般快捷键可以由两个或三个键构成，例如：我们想定义下标的快捷键为 Alt+Z（并不会影响微软默认的 Ctrl+=，只是多了一种选择而已），此前，我们应该先同时按下 Alt+Z 组合键，观察窗口有无变化，结果表明，无变化，这个组合快捷键是可用的，我们便可以定义它们来启动某种操作。一般情况下，Alt+Z、Alt+X、Alt+C、Alt+S、Alt+D 等组合键没有被使用，我们可以分别赋予它们一定的操作任务。下面，以定义下标快捷键 Alt+Z 为例，说明自定义快捷键的操作步骤（见图 1-3）：

（1）检查确定要使用的快捷键。一般 Office 系统中的 Alt+Z 均未被软件占用，我们指定它为设置下标的快捷键，即按下 Alt+Z 键后，被选定的字符便立即变为下标，再按一次后，又恢复为正常显示。

（2）点菜单上的"工具/自定义"，弹出自定义窗口。

（3）点窗口底部的"键盘"按钮，弹出"自定义键盘"窗口。

（4）从左边"类别"找到格式，再从右边移动滚动条，找到 Subscript，选定它。

（5）用鼠标在右边"请按新快捷键"下的输入框里点一下，使处于输入状态。

（6）按下 Alt+Z 组合键，则在该输入框中即显示出"Alt+Z"。

（7）按下左下角的"指定"按钮，在左边"当前快捷键"窗口里便新增"Alt+Z"。

（8）关闭两个窗口。

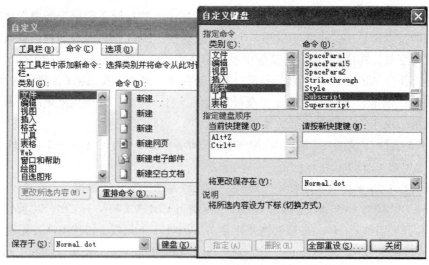

图 1-3　自定义快捷键

如果不删除 Ctrl+=，则两个快捷键都能够控制下标的形成与撤消。自定义的 Alt+Z 可以通过左手二指操作，比默认快捷键方便。

我们注意到，弹出的自定义键盘窗口中，右边的快捷键名称都是英文，英文名称就是控件的名称，可以从下部的中文"说明"来了解控件的作用和意义。

其他操作的快捷键按上述方法设置即可。需要设置快捷键的命令有：上标、下标、调出公式编辑器和某些宏的启动键（后面会介绍宏知识）。

1.1.3　定义"自动更正"的化学符号

自动更正是 Office 中一个自动修正错误的小工具。尤其是英文单词输入错误时，系统会自动更正为正确的单词。系统中已经含有大量的自动更正项，同时，系统也为用户提供了自定义自动更正项的功能。利用自定义自动更正功能，可以根据化学文档的共性内容和特点，定义一些自动更正项，用它们来完成一些符号或文字替换，加快录入速度，提高正确率。

在 Office 2003、2007、2010 和 2013 中都有 "自动更正"的设置，但进入途径不完全相同。下面介绍 Word2003 设置"自动更正"的操作步骤。

1. 自动生成摩尔浓度符号 mol/L

步骤：

（1）点菜单"工具/自动更正"选项，弹出自动更正窗口。

（2）点开"自动更正"，一切保持默认，左边"替换"填写输入的内容或代号，右边"替换"填写替换后的结果。

更正实例：输入 M*（输入在左边），自动更正为 mol/L（输入在右边）。

录入一组内容（2个），按下"添加"，再继续录入下一组内容，再添加。添加完毕，按"确定"退出。

自动更正窗口见下图（图1-4）：

图1-4 添加自动更正的对象

2. 自动转换双字母元素符号

在图1-4中，替换处输入"AG"，替换为"Ag"，点击添加，然后，依次将BA-Ba、CA-Ca等双字母元素符号的替换添加进去。

在输入文档时，遇到双字母元素符号，只要左手按"Shift"，右手按大写字母的元素符号，继续输入内容时，界面就会自动转换为大小写的元素符号。可以省去中英文切换步骤，加快输入速度。

1.1.4 全角与半角的希腊字母

化学文档中使用希腊字母的频率不少，输入希腊字母的途径也较多，可以从各种中文输入法中输入，也可以从右键菜单的"输入符号"调出符号窗体，由希腊语符号输入，还可以从工具栏字体集中找到symbol字体输入。它们的差别是：输入法及系统的"输入符号"中的希腊字母是全角符号，而从字库symbol里输入的是半角符号。在化学文档中推荐使用半角的希腊字母，显得紧凑、美观。

例如，络合效应系数符号用输入法表示时为 $\alpha_{M(L)}$，而用symbol字库中的符号表示时为 $\alpha_{M(L)}$。

显然，用半角符号更合理，建议使用"字库"中的symbol符号集。可以直接获得半角符号，美观又方便，且符合目前的化学论文化学规范性。

1.1.5　快速生成化学式的两种方法

字符查找和替换是 Office 的重要功用之一。常规的查找和替换一般只涉及字符串、短语符号，替换也只是这些内容之间的替换，但事实上，Word 还可以使用格式和控制符替换。利用控制符替换快速完成中文（或代号）转化学式，转公式，转图形的替换。

1.　"硫酸" 替换为 H_2SO_4

设化学文档中含有大量的 "硫酸" 字样，要将它们都转换成化学式，可以先输入一个化学式 "H_2SO_4"，然后，复制这个化学式。打开替换面板（或按下 Ctrl+H），在弹出的替换窗口中，查找内容栏输入 "硫酸"，替换为处输入 "^c"，按下 "全文替换"，则文档中所有的中文 "硫酸" 都替换为它的化学式。

同理，可以将各种化合物或离子式名称替换为对应的化学式或离子式，所要做的就是，先编辑一个化学式，复制，在替换窗口中只要修改查找内容即可。

"^c" 的意义就是将剪贴板中的内容替换要查找的内容。所以，用这个控制符可以替换为公式、图片、大段文字等。

2.　格式刷复制化学式角标

格式刷图标为 ▨ ，它可以一次或多次复制一种格式，例如，化学式的上标、下标，字体、字号、颜色等格式。

复制下角标的方法：先编辑好一个含下标的化学式，如 H_2S，选中下角标 H_2S（不是整个化学式），然后，单击工具栏中的格式刷图标（呈按下状态），将鼠标移到文档中需要变下标的字符处，按左键拖动选中，如选中 CH4 中的 "4"，松开左键，则 CH4 立即变成 CH_4。

如果要一次处理很多的下标，则可以将单击格式刷改为双击格式刷，这样，格式刷就可以无限次地使用而不会弹起，直到再单击一次格式刷，让其弹起为止。

必须强调：格式刷只能复制一类完全相同的字符，例如，使用上标格式刷可以刷 Na+ 中的 "+"，Fe3+中的 "3+"，但不能一次完成隔开的同类格式的转换，例如，用下标格式刷来处理 H3PO4 式中的 "3" 和 "4"，必须分两次刷，不能一次刷完 "3PO4"，否则，4 个字符都变下标。另外，取得格式 "标准" 的复制也只针对一类完全相同的字符，例如，若选定磷酸化学式 H_3PO_4，点格式刷后，再去刷其他的字符，决不会生成下标，因为它们含两种格式，格式刷无效。

3.　控制符替换

替换面板中有一组特殊控制符，在查找和替换窗口中，点 "高级/特殊字符"，即弹出一竖条控制符清单（见图 1-5）。

利用控制符替换可以删除空行，或添加空行。

应用：删除空行

段落标记（^p）就是硬回车的控制符 ⏎ 。如果删除段落标记，则该控制符前后的两段文字将合并为一段。如果有两个连续的控制符，则两段文字之间一定有一个空行，如果有多个连续的控制符，则一定含 n-1 个空行。例如下面这段文字共有 5 个空行，可以用控制符的替换方法将全文的所有空行一步删除。

在 Office 中捆绑的"公式编辑器"没有"可逆"符号，经提供了这些符号。

公式及分子式输入、三线表制作、图表制作与排版、

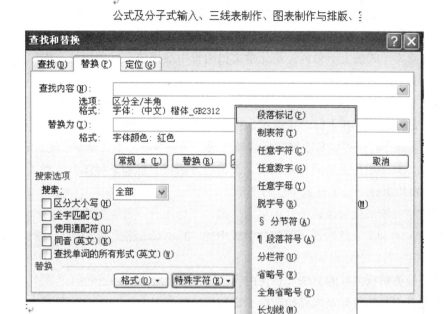

图1-5　查找特殊字符（用符号表示）

特殊字符可以从菜单里选择，也可以用键盘输入控制符的符号，例如，段落标记的符号为"^p"，注意是半角符号。删除空行的方法是：查找处输入"^p^p"（两个连续的段落符号），替换为输入"^p"。全部替换，因为一次只能删除一个空行，故应该反复按"全部替换"，直到显示替换结果为 0。

窗口输入见图 1-6。

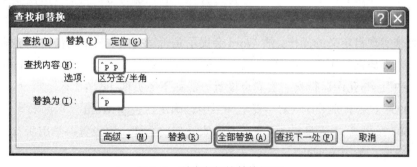

图1-6　删除空行的替换设置

如果要将所有段落都合并为一段，即删除段落符号，则查找处输入^p，替换处留空，全部替换。如果要在段落与段落之间加一空行，则查找处输入^p，替换处输入^p^p，只能按一次"全部替换"，否则，空行会越来越多。

1.2 Microsoft Word 在文档编辑中的应用

1.2.1 化学式-结构式-反应式编辑

化学式是最基本的化学语言。它主要涉及大量的上角标、下角标和元素符号。

（1）上下角标。

化学式或离子式的上下角标，是化学文档编辑中最繁琐、最重要的工作。根据前面的技术介绍，上下角标的设置可以采用以下五种方法：

①通过快捷键（默认和自定义）来实现。建议在 Alt+S、Alt+Z、Alt+C 三个组合键中选择两个组合键为上标和下标的快捷键。按上面介绍的方法将上标宏和下标宏指定给这些组合键。实际操作时，可以右手握鼠标选择待设置的字符，左手在键盘上完成转换。

②通过工具菜单栏上的图标来实现。按前述方法将上标和下标图标拉到工具栏上，选择字符后，再用鼠标点击上标或下标的图标。

③通过格式刷来批量地转换。上标为一批，下标为另一批，先编辑好一个上标和一个下标字符，如 H_2 和 F^-，然后选定氢气化学式中的"2"，双击格式刷，然后，就反复地"刷"待转换的下标字符，上标也如法炮制。

④用替换剪贴板内容的方法（替换内容为^c）逐个地替换为正确的化学式。

⑤用作者编写的角标宏来自动转换（宏知识后续介绍）。

（2）自动完成元素符号大小写的转换。

前已述及。

（3）化学结构式。

在 Word 中没有专门针对书写化学结构的功能，但可以通过绘图工具来组合成可以输入化学结构的模板，或者利用一些商业化学软件来制作化学结构式。

目前网上可用的化学工具 Word 模板软件有：化学金排、化学画板、超级化学助手，它们运行后可以在 Word 工具栏、菜单里添加各种化学和仪器符号。只要双击模板文件即可打开并生成一个含各类化学符号工具栏的 Word 窗口。由于这些依托 Word 的化学工具几乎都是以宏代码来实现自定义的操作，故 Word 会提示是否运行宏，甚至无任何提示地拒绝运行宏，以防引入宏病毒。所以，在打开含有这些工具的 Word 时，应预先将 Word 的宏安全级别设置成"中"，并允许运行宏。宏安全设置方法如下（见图 1-7）：

Word2003：（菜单）工具→宏→安全性→中，确定。关闭 Word。

Word2007 及更高：（工具栏）开发工具→宏→宏安全性→宏设置→禁用所有宏，并发出通知，点击确定，关闭 Word。

设置完毕，关闭 Word 后，再重新打开 Word 或模板文件。Word2003 会弹出对话，提问是否启动宏，应选择其中的"启动宏"；Word2007 及更高版本，不弹出对话框，而是在工具栏下部出现橙色的提示条，请按下允许宏运行。便进入熟悉的 Word 界面，但工具栏中会新增几组工具按钮。

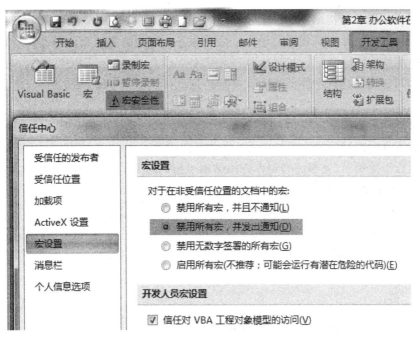

图 1-7　宏安全的设置选项

上述提到的几个化学工具，主要是用于书写化学式和化学方程、绘制化学结构图、仪器装置图等，其中，化学金排的模块较多，功能齐全，颇受中学化学教师的欢迎。嵌入 Word 中的化学金排界面，见图 1-8。

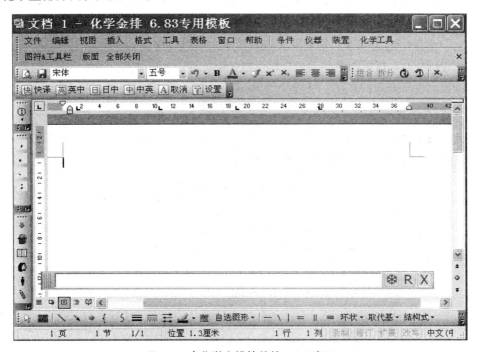

图 1-8　含化学金排控件的 Word 窗口

化学金排软件是中国人编制，开发于 2000 年。利用该软件可以轻松实现化学中常用的同位素输入、原子结构示意图、电子式、电子转移标注、有机物结构式、有机反应方程式、反应条件输入、化学常用符号输入、化学仪器、化学装置、图片图形调整等许多实用功能，同时该软件还提供一套方便易用的题库系统（以上功能全部免费使用）。独创的化学文章输入窗口，更是将该软件的功能发挥到极致。在该窗口中输入化学式、化学方程式、离子方程式时，完全不用考虑大小写和上下标问题，全部由软件中的智能识别替换系统自动完成（可识别所有的有机物和 80 万种以上的无机物）。化学金排也是依托于 Word 主件，以宏操作来实现特殊符号的生成与录入。化学金排模板启动后，打开的 Word 窗口工具栏新增了四个栏目（菜单），底部还有制作有机结构式相关的工具。几个栏目的内容如下：

条件——包括化学反应中可能遇到的绝大多数的反应条件，还可以自定义；

仪器——包括中学化学实验可能用到的各种器材与装置，数量达 50 多种，用户随意组装；

装置——包括气体制备、净化、收集、干燥、尾气吸收及原电池、电解池等成套装置；

化学工具——包括同位素输入、化合价标注及原子结构示意图的输入工具。

例如，制作有机结构图：

可从图符&工具进入操作面板，步骤为：

（1）点"图符&工具栏"菜单中的"有机基团"或"有机基团（3）"菜单项。

前者用于制作较大的有机结构，后者用于制作较小的有机结构，金排窗口便调出相应的工具栏，根据结构图要求，点击要制作的有机结构的各个官能团或相接近的官能团。

（2）调整好各个官能团的合适位置，将官能团全部选中，然后组合。

在化学金排中已经准备了数量巨大的素材库，用户只需要从相关的菜单中进入，调出对应的素材库，插入所需的各种素材，调整好结构位置后，全体组合即可。图 1-9 是几个结构相关的素材库工具条的截图。

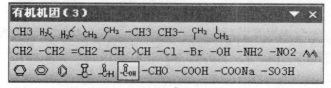

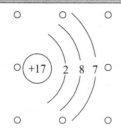

图 1-9 化学金排中的常用工具

制作原子结构示意图：

可以分别调用"图符&工具栏"中的"电子式&电子转移"工具，点其中的"原子结构示意图"，在弹出的原子结构模板中填写电荷数和各层的电子数即可。

"化学金排"的功能比较丰富，能满足中学化学的各种作图要求，对大学化学作图也有帮助。但大学化学和化工中涉及的作图要求远比中学复杂得多，涉及高分子结构式、复杂有机结构式、量子化学、药物设计、波谱等复杂的制图与计算，这时"化学金排"就显得"捉襟见肘"了。必须要使用高级化学软件才能实现。目前，国际上化学相关的专业软件有 ChemOffice、Chemwindows、Guass 计算工具等，这些工具可以完成复杂的化学作图和化学计算，用它们制作好的化学结构图，可以直接复制粘贴到 Word 文档中。关于专业化学软件的介绍见第二章内容。

1.2.2 公式编辑器

公式编辑器是 Design Science Inc 公司的产品，嵌入微软 Office 软件的公式编辑器是 Equation 3.0 版本，在 Office 2003 版本以前的软件中都默认捆绑有这个工具，但 2007 版以后的 Office 中不再含公式编辑器，因为微软已经加入自己的公式编辑器，如果要使用第三方的公式编辑器，需要另外安装，或直接使用免安装的 Equation 3.0 编辑公式，然后，将编辑好的公式再粘贴到 Word 或 PPT 中。

Design Science 公司的公式编辑器功能非常强大，几乎任何数学表达式都可以编写，并方便地自动插入到 Office 文档。化学公式中最常用的数学符号如加减乘除、指数对数、乘方开方、三角函数、矩阵、可逆符号等数学符号都能轻松编写。公式可以无极缩放，不会失真，因为它们都是矢量图。

（1）Equation 3.0 用法

微软 Office2000/2003 版本，在完全安装时，都会自动载入这个工具，当用户编写 Word、PPT 或 Excel 时，点击工具栏上的下拉菜单"插入/对象/对象/新建"，找到公式编辑器 3.0，选择，确定，即可在文档中插入一个公式，并可进行编辑。编辑完毕，点右上角"关闭"，或在编辑器之外点一下，便自动退出编辑，编辑结果便会显示在 Word 中。

插入到 Word 的公式，可以任意缩放而不失真，可以移动到文档中的任何位置。如果还想继续编辑公式内容，只需要双击公式，即可打开编辑器再编辑。但是，用低版本（如 V3.0）编写的公式无法用高版本编辑器打开再编辑，同理，用高版本编辑的公式也不能用低版本打开再编辑。

在 V3.0 编辑器中编辑公式时，不能使用鼠标进行选择、复制、粘贴，但可以用键盘方向键进行选择和复制粘贴。另外，用 V3.0 编写的公式不能另存为独立的公式文件。

图 1-10 是 V3.0 版公式编辑器的编辑界面，在菜单下面是各种各样的公式模板单元，按下一个模板按钮，就可以看到其中的全部模板，特别注意，这些模板是可以相互嵌套的，可以组合成你需要的复杂公式模板（V3.0 版没有可逆符号）。

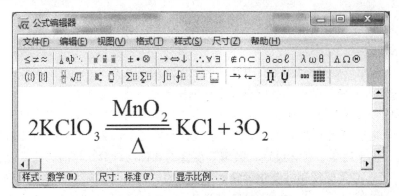

图 1-10　公式编辑器 V3.0 版的界面

例如，要用编辑器编写右边的方程式　$2KClO_3 \xrightarrow[\Delta]{MnO_2} 2KCl+3O_2$

就要用到下标、框线、符号三类模板。等号部分是由分数模板"—"中嵌套上划线模板"⬚"组成的，分数模板的分子框中录入"MnO2"（再用下标模板将"2"转换为下标），分母框中嵌入"⬚"后，即可在下部框中录入符号模板中的"△"，这样就组成了上面看到上下有内容的等号。化学式的下标，可以边录入边转换，即在要录入下标时，点下标符号（模板），自动生成下标输入框，也可以按正常录入方式将全部字符录入完毕，再用键盘方向键或鼠标选择要转下标的字符，然后点一下下标模板。公式编辑器中也支持快捷键的选择、复制和粘贴，只是不支持用鼠标的移动操作（V5.0 版本以后可以直接用鼠标选择、移动）。对于含多个下标或上标的公式，可以在录入时，按下下标模板，将要输入字符之前，将无字符的下标输入框整体选择（按住 Shift 键，右移方向键即可选择），再按下 Ctrl+C 键，复制到剪贴板中，然后再输入下标的字符。在下面介绍的 V5.0 版以后的编辑器中，可以用鼠标选择和移动功能，例如，先录入全部非角标的方程式或化学式，然后，再用鼠标按住左键来选择字符，再点下标符号即转为下标。上标操作相同。

需要注意的是，公式编辑器中录入的字符，无论是大小写字母还是希腊字母，默认情况下一般为斜体，这是科技论文排版的默认规则，除非是人名、公认的单位符号、物理常量符号等，而 mol、mL、化学式、元素符号等，输入时总是默认为斜体，要转为正体。注意，常数 K 应为斜体，但角标为正体，如溶度积常数 K_{sp}。

转换正体的方法：选择要转换的字符，点下拉菜单"样式/文字"，或者在选择了字符后，直接按下 Ctrl+Shift+E 组合键，如果要恢复到斜体，点下拉菜单"样式/数学"，按下 Ctrl++（即 Ctrl+Shift+= ）。

V3.0 版的公式字符均为黑色，无法使用其他颜色。MathType 5.0/6.9 等高版本可以设置字符颜色。

在 Office2003 中，Equation3.0 的安装目录是"C:\Program Files\Common Files\Microsoft Shared"，在该目录下名为"Equation"的目录就是 3.0 版的公式编辑器，虽然，该工具需要安装，但仍然可以移植到其他机器上使用。方法是：复制整个"Equation"文件夹，放到任何目录下，双击其中的 Equation.exe 即可打开我们熟悉的公式编辑器，编写完公式后，用键盘的 Shift、方向键或鼠标选择公式，按下复制快捷键，再粘贴到 Word、PPT 或 Excel 文档中即可。

（2）MathType 5.0/6.5 用法

MathType 5.0/6.5 的编辑功能增加并不多，但它的亮点不少，包括：将许多常用工具放到窗口界面上，使用很方便；可以使用鼠标左键进行选择、移动和更多操作；可以给任何公式字符改变颜色；增加了各类可逆符号模板；可以将编辑好的公式另存为 gif、wmf、eps 三类文件，而且，还可以再编辑。gif 图片文献是网页上最常用的文件，这就使得公式可以直接嵌入网页，还可以再编辑和修改。

公式编辑器生成的公式属于矢量图，犹如汉字为 2 个字节的矢量图符号一样，可以任意缩放而不失真，如果是普通的 gif 图或其他 bmp、jpg 格式的截图，缩放一定会失真。可见，由 MathType 生成的 gif 公式插入到网页中，无论网页如何缩放，清晰度都会很好。图 1-11 是 V6.5 版本的截图。

MathType5.0 及更高版本的编辑方法与 V3.0 的方法相同，只是操作更便捷，功能和效果明显提升了，增加了不少的常用公式和模块。尤其是使用鼠标操作后，用户会得到很愉快的体验。具体应用不再赘述。

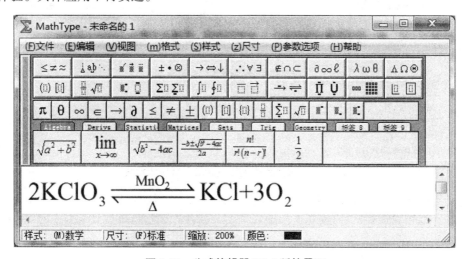

图 1-11　公式编辑器 V6.5 版的界面

使用高版本的 MathType 公式编辑器编写文档时要注意一个问题：因为 V5.0 以后的软

件增加了很多新模板，例如，可逆符号类。但这些符号在 V3.0 版本的矢量库中是没有的，因此，若将含高版本编写的公式的文档（doc、docx、ppt、pptx）放到其他电脑中浏览或播放时，如果其他电脑的公式编辑器是 V3.0 版，或根本就没装第三方的公式编辑器，则文档中的公式可能显示不完整，例如，有可逆符号的地方变成两个交错的矩形框。遇此情况，可作如下处理：

方法一：在该电脑上也安装高版本的 MathType。

方法二：在用户个人电脑上（含 MathType）编辑好公式后，将公式截图并粘贴到原位置，删除矢量公式。注：截图的公式图没有矢量公式图清晰。

方法三：保存时将文档用到的特殊字库一并保存（文件会很大，不建议），见图 1-12。

图 1-12　将文档中的特殊字库嵌入文档中

如果教学用，建议采用方法一。如果要共享给朋友或学生使用，建议采用方法二。

1.2.3　实验流程图

实验流程图、工艺流程图、化学检验步骤、物质转化关系等是化学化工类文档的组成部分。实验流程或物质转化关系一般用方框、箭头、曲线、大括号或中括号、文本框等的组合来表示，这就是流程图。图 1-13 是处理含铁废水制备高含量氧化铁的流程图。

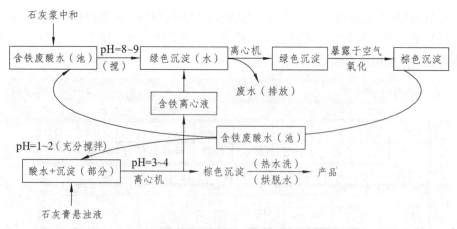

图 1-13　含铁废水制备高含量氧化铁流程图

此图表示铁在实验流程中的转化关系及物料的流向。其中，主要用到作图部件是：文本框（有边框和无边框），直线箭头，曲线箭头。这些作图组件可以从 Word 的"绘图"工具中找到。

1. 绘图工具

在 Office 2003 版中，工具栏上有"绘图"图标，点击它，即可调出绘图工具，默认工贝条置了 Word 底部的状态栏上。

在 Office 2007 版中，点工具栏的"插入"，找到"插图"工具群，点"形状"倒三角下拉展开，这里汇集了大量的图形模板。其中，最常用的见图 1-14

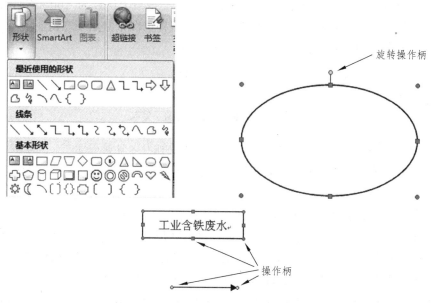

图 1-14　Word 中的作图工具及操作点位

点"基本形状"中左上角的文本框图标，即可在文档中插入文本框，也可插入常用的括号（一般用单括号，左侧大括号使用较多）。箭头、直线、曲线及带箭头的曲线工具在"线条"中。根据设计的框架，从这里选择需要的图形。"形状"工具底部的"标注"，也是比较常用的图形。

插入的图形，选中后在包围它的矩形边上出现了 4 个圆点和 4 个方块，箭头和直线只有两个圆点，除文本框和线条外，其他各种图形如果被选中（包括非文本的矩形图），上边线中点方块处还会出现一个带圆点的向上的短线，这个圆点是图形旋转的操作柄，如果将鼠标移到这个圆点上，鼠标即变为一个带箭头的弧线，包围住圆点，只要按住鼠标呈弧形移动，图形即可绕质心任意旋转。图形四周的 4 个圆点用于缩放图形的操作柄，方块用于图形单方向缩放（即变形），无论图形还是文本框，操作规则均相同。线段只有两个圆点，按住任意一个圆点往任意方向拖动，线段或箭头即可伸缩和改变方向，未按住的圆点为起点位置，按住的圆点为可变化的终点位置。

2. 构建化学流程图要点

在 Word 中构建流程图，预先要做好设计，在纸上把草图做好修改好，然后在 Word 中，将各部分对应的绘图工具依次调入，制作好文本框、箭头、曲线，括号等，然后按草图进行组装。下面简明扼要地介绍在 Word 中使用绘图组件及组装时要注意的问题。

①　有边的文本框应用及注意事项。文本框中文字输入，字体、字号、颜色的编辑与普通文档相同，边框大小应合适，文字建议水平居中。尽量单行文字，如果字数较多（如

要点小结之类），可以隐藏用边框，视觉会更好些。可用大括号或中括号来框住几段文字。文本框最好不用充色（底纹），但文字可用不同颜色，以区分主次，突出重点。文本框之间或文本框与其他图形之间有交集时，常常有遮盖情况出现，遇此情况，应该设置有重叠的两图之间的叠放次序，让有字符或图形的图置于上层（或者上层设为 100%透明），置于下层而被遮盖部分应该为空白无字符或无图形部分。这种情况常常出现在箭头上下分别写字符或符号的图形中，见图 1-15。

$$\xrightarrow[\triangle]{MnO_2} \qquad \quad -\xrightarrow[\triangle]{MnO_2}$$

图 1-15　重叠的文本框遮盖了箭头

这两个图的组件和内容完全相同，但图中右方的箭头没有显示完全，中间部分被文本框遮住。文本框被设置成无线，而且呈水平居中，且为二行字符的文本框（输入化学式后硬回车，再输入三角符号）。箭头要从文本框中间水平穿过，上面那个图必然会遮拦下面的图，故涉及二图的叠放次序设置。左图为箭头在上，文本框在下，因为箭头框很窄，置于文本框上面时，虽然也遮拦文本框，但遮拦部分恰好是文本框上下两行的空隙，所以，字符仍然可见。而图 1-15 右方，文本框置于上层，在下层的箭头中间部分便被遮拦了。

② 文本框内有文字、化学式，输入字符后，不能再整体缩放文本框，因为其中的字符不会随之缩放，导致空隙太大或字符显示不全。应该先固定字体字号，再调整线框至合适。

③ 流程图的图形组件均完成后，调整好相互位置和叠放次序，没有任何修改时，应将它们全部组合在一起，以免文档的文本内容变化时，图形组件丢失或错位。组合成一个整体后，可以方便移动、复制和设置环绕方式。

多个图形组合的方法：按住 Shift 键，用鼠标左键依次单击每个图形（包括线段），使全部图形组件被选中，然后将鼠标小心移到被选中的图形区域，当鼠标变十字双箭头时，点右键，选右键菜单中的组合，即将选定的图形组合成一个整体。然后，用鼠标拖动组合图形，看还有没有未组合的图形，如果有遗漏图形，可以小心地点撤消 1 次，使组合图形回到原位，单击它，再按住 Shift 键单击遗漏的图形，再从右键中点"组合"。

如果是粘贴上去的外部图形，默认为嵌入型，无法与 Word 提供的图形组合。应该检查不能被选中的图形是不是嵌入型，将其修改为浮于文字上方，即可参加组合。

流程图还可以用 Chemwindows 软件（见第 2 章）制作。用此软件制作流程图比 Word 中制作更方便，更漂亮。

1.2.4　宏命令

宏是一系列预定的编辑、排版、打印的操作过程，由电脑依次完成预定工作的指令。例如，编写试卷时，如果用户使用的是 Word 的默认版式（A4 纸张，左右边距为 3.15 厘米，单倍行距，单栏），而打印试卷假设是 8 开纸，双栏，左右上下页边距均为 2.0 厘米。通常用户每次把文档编写或录入完毕，都要从"页面布局"或"页面设置"里逐项地修改设置，设置完全后才能打印，每篇文档都需要重复这个排版过程。如果将一系列排版的操作步骤让机器记录下来，以后重复该排版工作时，由电脑自动完成排版，该段操作记录（代码），就是宏。下面，以试卷简单排版为例，介绍录制宏的步骤：

（1）准备一篇录入完毕的 A4 文档。文档的试卷头、标题字体字号、化学式、离子式上下标等都已经编辑好。

（2）设置宏的安全级别。将 Word 的宏安全设置成"中"（Word 2003），在 Word 2007 及更高版本中，点工具栏的"开发工具/宏/宏安全性"，在弹出的窗体中选"宏设置/禁用所有宏，并发出通知"。确定后，关闭 Word，重新打开用于宏录制"试验"的文档。

（3）打开上述的试卷文档（默认 A4 纸），在 Word 2003 中，双击 Word 窗口底边的灰色"录制"图标。或者点工具栏上的"工具/宏/录制新宏"。

图 1-16　Word 2003 中的录制新宏

在 Word 2007 及更高版本中，点"开发工具"，再点工具栏左侧的"录制宏"。弹出如下窗体：

图 1-17　Word 2007 中的录制新宏

在 2010 及更高版本中，默认状态下，工具栏上没有"开发工具"项目，请点"文件/选项/自定义功能区"，将右框中的"开发工具"项目选中，按确定后，工具栏上就新添了"开发工具"栏目了。

当按下"录制新宏"或"录制宏"的按钮后，就弹出图 1-18 所示的窗口。

"录制宏"中的宏名由用户填写，默认宏名为"宏 1""宏 2"。将要录制的宏可以保存在两个位置：当前文档中或所有文档（Normal.dotm）。本例将此宏保存所有文档中，即保存在通用模板中（Normal.dotm）。若保存在当前文档中，则宏操作代码被嵌入到该文档中，无论该文档放到哪台电脑中使用，只要电脑允许运行宏（安全性设置成"中"），该文档就可以运行"打印试卷"的宏，自动生成试卷的版式，而在电脑的 Word 软件中没有记录。不能在其他的文档中运行"打印试卷"宏；如果将宏保存在通用模板中，则在该电脑中打开任何一个 Word 文档，都可以通过运行 word 软件中的"打印试卷"宏，将任何 Word 文档转换成试卷格式。

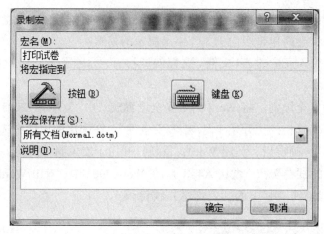

图 1-18 录制宏的设置界面

记录宏：按下录制宏窗体中的"确定"按钮，从此开始，所有的操作都会作为宏操作被系统记录下来（电脑自动生成 VB 代码），直到按下停止录制宏按钮。首先，调出页面设置窗口，按试卷排版要求设置页面参数，见图 1-19。

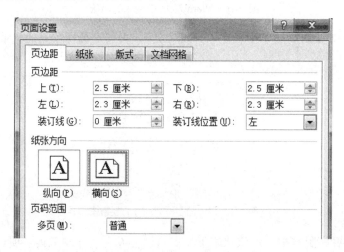

图 1-19 被录制的实例设置（试卷页面设置）

依次修改页边距均为 2.0 厘米、纸张方向点击"横向"，再点"纸张"，大小修改为自定义，并输入高 26 厘米，宽 36.8 厘米（8 开纸），再点"文档网格"，修改栏数为"2"。

设置完毕，按下"确定"，再点一下录制宏的按钮，使之弹起，即关闭录制。录制过程结束。

点"打印预览"图标，可以看到文档变成了横向、双栏、试卷纸大小的版式。关闭预览，保存文档，退出。经过以上步骤，Word 软件中便记录下了上述的所有操作。

（4）运行宏。随便打开一个已有内容的 Word 文档，点工具栏的"开发工具"，再点左侧的"宏"，即弹出宏的窗体，从窗体中的宏清单中找到名为"打印试卷"的宏名，点右侧的"运行"，文档就自动排版成预定格式的试卷了。关闭宏窗体，点打印预览，可以看到文档呈现的试卷样式。

如果电脑连接着打印机，并在录制打印试卷宏时，增加了"打印"的操作后才停止录制宏，那么，宏运行步骤也包括打印操作，可以直接打印出试卷。

以上步骤即为宏录制和宏运行的一般步骤。如果不想在电脑中保留个人录制的宏，也可以"宏"窗体中删除宏。

需要说明的是：如果宏被保存在当前文档中，则以后再打开该文档时，软件会提示是否运行宏。用 Word 2007 打开时，在工具栏下面会出现一个安全警告的横条，点"选项"，选"启用此内容"，点击确定，见图 1-20。

图 1-20　每次打开含宏文档的提示

如果是 Word 2003，软件会弹出一个窗口（见图 1-21），问是否启动宏，并警告运行宏有风险等。必须允许运行，系统才有自动排版打印功能。由于有一类宏病毒可通过寄生于 Office 文档中的宏代码来破坏软件系统，所以，遇到文档有宏附着时，系统要让你确认，这个宏是不是安全的？你想让它运行吗？自己编写的宏肯定是没病毒的，所以，应该允许它运行。如果你将有宏的文档分享给别人，也一定要告知，这个宏是安全的，要允许宏运行，才能具有特定的功能。

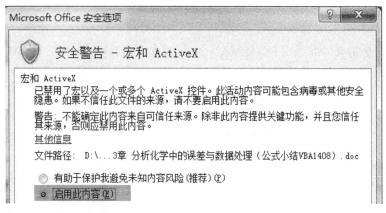

图 1-21　安全警告中"启用此内容"

Word 中具有下面几个名称的宏是专用的，系统能自动识别，并能伺机自动运行。这些宏中包括的操作是与这些宏的特点相匹配的，它们的作用如下

AUTOEXEC：在打开 Word 时自动运行；

AUTOEXIT：在退出 Word 时自动运行；

AUTONEW：在创建新文件时，如果它的模板上含有 AUTONEW 宏时会自动运行；

AUTOOPEN：在打开一个 Word 文件时自动运行；

AUTOCLOSE：在关闭当前 Word 文件时自动运行。

这些专用宏在运行时，系统是不弹出安全性询问的。如果个人编写的宏也想让它自动运行，则可以在录制好个人宏以后（保存在通用模板中），调出 VB 编辑器来，修改个人宏的宏名为上面的某个宏名，如，AUTOCLOSE，则关闭文件时便能自动运行宏。

1.3　Microsoft Excel 在化学化工数据处理中的应用

电子表格 Excel 是一个用于数据处理的软件，是 Office 软件中的一个应用软件。它不但提供了普通的制表、绘图功能，而且还提供了包括数值求导、数值积分、微分方程数值解、一元和多元方程求根、一元和多元线性回归、非线性回归、曲线拟合、数据统计方法等功能。本节主要介绍数据的导入与生成、自定义公式计算和化学曲线制作方法。

1.3.1　输入或导入数据的方法

1. 直接录入数据

对于仪器测量的实验数据，如果是手工记录的数据，需要手动录入到 Excel 的表格中，如用吸光光度法测量的一组标准溶液的吸光度值和浓度值。

2. 粘贴 Word 文档中的表格数据

复制 Word 文档中的表格数据，直接粘贴到一个新 Excel 文档中，数据从被选中的单元格开始往下往右填充，从 word 中复制来的数据含有表格"网线"（打印时有表框），可以隐藏。

3. 用公式自动生成数据

制作教材中的化学曲线时，需要根据化学公式生成两组数据，然后再作图。例如图 1-22 中，A 列数据共有 1 401 个，它们是一个等差数列，可用公式自动生成 。

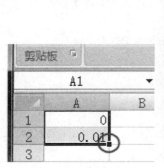

图 1-22　公式复制的方法

A 列数据的生成方法：A1 填写"0"，在 A2 中填写"=A1+0.01"，用鼠标左键按住 A2 右下角的小"方块"，按住左键一直往下拉动，直到第 A1401 的位置，1401 个数据就自动生成了。

A 列数据填充的另外一个简单方法：A1 填写"0"，A2 填写"0.01"，用鼠标选中 A1 和 A2 两个单元格，按下 A2 右下角的小"方块"，按住左键一直往下拉动，直到第 A1401 的位置。这种选两个相邻数据下拉生成数列的方法，只可用于等差数列数据的生成。

4. 导入文本型数据

大多数分析仪器测定的数据可以导出为文件，一般导出为 Excel 文件，可以直接使用，但有的仪器只能导出一个文本文件。Excel 提供了导入文本型数据的方法。

下面的截图是某紫外可见光谱仪的工作站导出的文本型数据（文件名为 0403.RKX，可用记事本打开，见局部截图）：

图 1-23　时间不是数值型表示需要分栏处理

这类文本型数据的导入方法是：

（1）打开 Excel 软件，点工具栏的"打开"图标，或从文件中点"打开"。在弹出的"打开"窗体中，将文件类型选择为"所有文件"。找到要打开的目录和文件，如本例的 0403.RKX，双击打开，系统会弹出一个过滤的设置窗体，见图 1-24。

（2）过滤文本信息。在设置窗体的预览文件部分，移动纵向滚动条，直到显示测量数据的首行（本例为第 24 行）。在"导入起始行（R）"栏输入数据起始行的行号：24，再点"下一步"。

（3）文本数据分栏。设定起始行，进入下一步后，会弹出如图 1-25 所示的窗体。根据实验数据的意义知道，时间记录是按"时：分：秒"表示的，它在 Excel 中无法用于作图，需要合并成同一个时间单位，如分钟。所以，在这一步，应该将时间按"时：分：秒"的数据分为三列，方便后续的合并。在此窗体中需要指定时间值拆分成三列的分隔符，本例添加"："作为分隔符。按下一步后，系统已经将时间划分成三列了（见图 1-26），可以用鼠标单击某列，看看是不是独立的列，如果正确无误，则按"完成"按钮，文本数据就会有序地装入到 Excel 表格中（见图 1-27）。

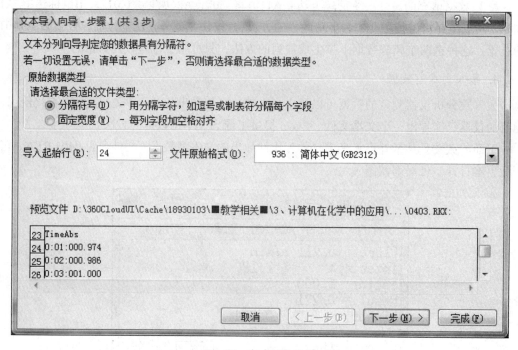

图 1-24　文本导入向导

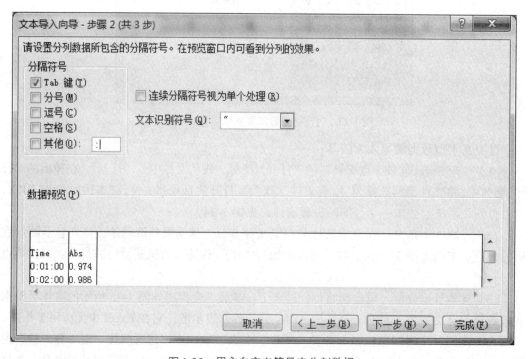

图 1-25　用户自定义符号来分割数据

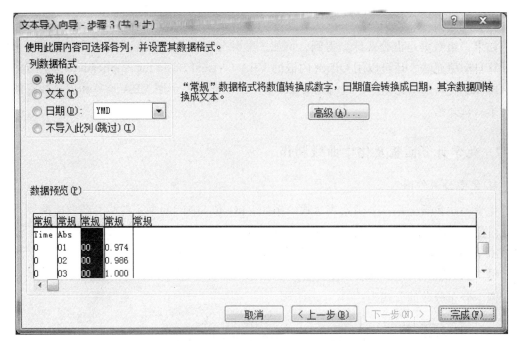

图 1-26 以冒号及制表符划分列的预览

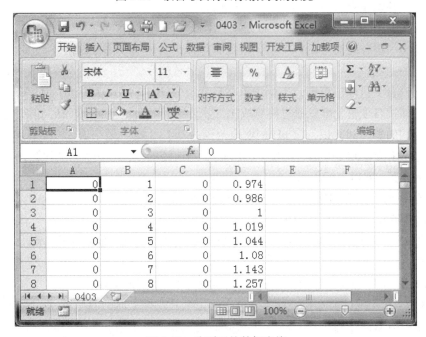

图 1-27 分列后的数据表格

在图 1-27 中，A、B、C 三列为用时、分、秒来表示的时间。为了方便作图，需将它们合成统一的单位，本例是换算成分钟。换算后的数据可以放在 E 列，E1 单元格的时间（分）用公式来表示，合并的计算式为：=A1*60+B1+C/60。

回车后，在 E1 单元格中就显示出以分钟为单位的时间，用鼠标按住右下角的实心黑方块，往下拉，将全部时间换算出来，并填充到对应单元格中。这样文本型数据就导入成功了。

5. 用 VBA 宏代码导入

如果一组数据是由公式计算得到，例如，酸碱分布分数、络合分布分数，则可以用公式计算自动填充法，还可以用 Office 内嵌的 VBA（Visual Basic for Applications）语言，编写一段 VB 代码来填充数据，这就是 Excel 中的宏功能。关于用 VBA 计算和填充数据的方法在第六章介绍。

1.3.2　化学计算面板及化学曲线制作

1. 化学公式作图

化学公式实质上是一个函数表达式，例如，pH 值与[H^+]的关系曲线、酸效应曲线、络合效应曲线、滴定曲线、酸碱分布分数曲线、缓冲容量曲线、络合分布分数曲线等。下面，以 HAc 溶液中各成分的分布分数曲线制作为例，介绍化学公式作图方法。

例 1-1：绘制 HAc 溶液中 β_{HAc} 和 β_{Ac^-} 对 pH 值的分布分数曲线

两个分布分数的公式为：

$$\delta_{HAc}=\frac{[HAc]}{c}=\frac{[H^+]}{[H^+]+K_{a1}}; \qquad \delta_{Ac^-}=\frac{[Ac^-]}{c}=\frac{K_{a1}}{[H^+]+K_{a1}}$$

表格数据计算要点：

（1）自变量为[H^+]，因变量为分布分数。用公式作图时，要求用户预设一组自变量，这样才能计算出一组与之对应的因变量，给定和计算出 x 和 y 两组数据后，才能作图，生成与公式对应的曲线。

（2）预设自变量取值范围。上例中虽然自变量为[H^+]，但要求用 pH 值作图，所以 pH 可视为一个间接自变量，可以通过换算成[H^+]后，再计算两个分布分数值。pH 应预先指定，根据化学公式的意义和常识，设 pH 的取值范围为 0.0 ~ 14.0，最小值为 0.1 个 pH 单位。共设定 141 个 pH 值（0.0、0.01、0.02……14.0）。用前述的方法在 A2 到 A142 个单元格中生成 141 个 pH 值，即横坐标值。

（3）在 B 列中生成[H^+]。在 A 列已填充 pH 值后，利用公式"=10^（-pH）"，将 pH 值换算成[H^+]并填充到同行的 B 列中。

（4）在 C 列中生成 HAc 分布分数值，D 列中生成 Ac^- 的分布分数值。B2、C2、D2 的计算公式为：

B2=10^（-A2）或 B2=1/10^A2　　　（对应的化学公式为[H^+]=10^{-pH}）；
C2= B2/（B2+\$E\$2）　　　　　　　（对应的化学公式见上面的 HAc 分布分数公式）
D2=\$E\$2/（B2+\$E\$2）　　　　　　（对应的化学公式见上面的 Ac^- 分布分数公式）

式中的\$E\$2 为单元格 E2 的名称，在计算式中表示为绝对地址，而 E2 表示相对地址。

没有直接将 Ka 值写入上面的计算公式中，而是放在 E2 里，目的是使这组计算公式以及随后生成的曲线具有扩充性，使它能推广到任何一元弱酸或一元弱碱的分布分数计算及作图。事实上，在已经计算完毕和曲线生成之后，只要更改 E2 的值为其他弱酸的离解常数值，系统就能自动计算出分布分数，曲线也会随之变化。所以，将公式中的常数独立存放，可扩大曲线的适用范围。

特别注意：如果常数在数列中被反复引用，那么，常数的单元格地址必须表示成绝对地址，否则在下拉计算时结果会出错。图 1-28 即为分布分数的计算表（以第 2 列计算为例）。

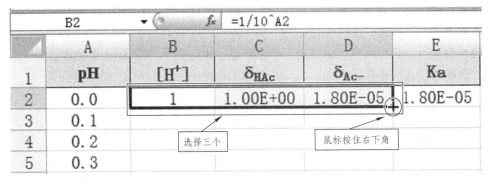

图 1-28　同时复制相关的三列数据的计算公式

如果仅仅制作乙酸的分布分数曲线，上面的公式也可以写成：

C2= B2/（B2+0.000018）；

D2= 0.000018/（B2+0.000018）；

（5）绘制分布分数曲线。

当通过第 2 行的公式，将 B 列、C 列、D 列的值一直往下拉到 142 行时，就可以选定 A 列、C 列和 D 列作图了。

系统默认左边第一列数据为自变量 x 的数据，往右的各列数据均视为因变量 y（或 y_1、y_2……）的数据。默认情况下，三组及以上的数据作图，同一坐标图，各曲线共用相同的 x 轴和 y 轴。

作图步骤为：

① 选择数据块（A 列、C 列、D 列数据）。

② 点工具栏"插入/图表-散点图"，可选散点或光滑曲线。制作定量分析标准曲线，选散点图样；制作红外光谱等数据量巨大的曲线，选光滑曲线；其他曲线可以选散点、点-线、光滑曲线图样。

③ 选择作图类型后，系统自动生成曲线坐标图。本例曲线见图 1-29。

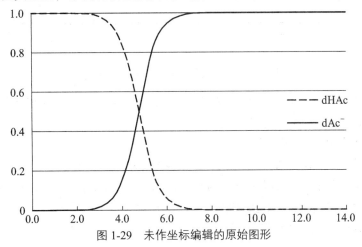

图 1-29　未作坐标编辑的原始图形

④ 修改图形默认设置。修改内容包括坐标取值范围、刻度、字体、字号、是否留图例，添加坐标名称/单位、图题，添加文本/符号说明，修改曲线形式、修改图形类型等。一般要修改的有：横纵坐标最大值及分度值、字号、曲线颜色及粗细、边框。必须增加的内容：坐标名称及单位、图题、曲线标记等。

所有设置可以从工具栏上来完成。单击图形（被选中），工具栏上会显示"作图工具"面板，其中含设计、布局、格式。工具栏作图工具截图见图1-30。

图1-30　图形工具栏中的布局工具

添加图题点"图表标题"，添加坐标的名称和单位点"坐标轴标题"，调整坐标的取值范围及分度值点"坐标轴/主要横或纵坐标轴/其他主要横（纵）坐标轴选项"。文字、数字的字号大小可从工具栏的"开始"面板中修改。曲线的颜色、粗细、类型从"作图工具"面板的"格式"中修改，不保留网格线可点"形状轮廓"中"无轮廓"。

图1-31是经过适当编辑过的HAc分布分数曲线图（已隐藏了边框和网格线）。

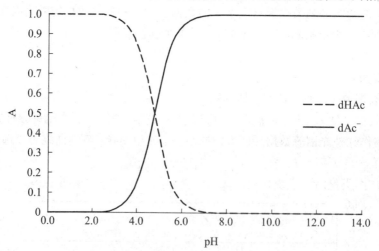

图1-31　乙酸及乙酸根的分布分数曲线

以上介绍的操作是在word 2007系统中进行的，word 2003系统中的操作可以从右键菜单中找到，或从工具栏上的菜单里找到。

Word2003系统中的作图步骤是：

（1）选择要作图的几列数据，第1列一般被当作横坐标。

（2）点击工具栏上的"图表向导"　，在跳出的选择对话框中选择"散点图"（平面曲线常用此模式），在右边选择光滑曲线、散点或含实验点的折线模式。

（3）按下确定后，即可得到各种曲线。

（4）在曲线图表中分别进行一些常用设置。如：图文框的大小、字体、字号、坐标分度值和范围、添加图题、添加座标名称和标度、曲线颜色、标记点形状、背景颜色、网格线等内容。

2. 实验数据作图

红外光谱测量、紫外光谱曲线测量以及光谱化学动力学测量，都会生成大量的曲线点数据。通过分析仪器导出数据文件后，用 Excel 调入实验数据，即可制作实验数据曲线。

根据化学实验数据作图的方法与公式作图方法相同，主要是生成或导入原始数据的方式不同。图 1-32 是实验测定的某生物矿化的动力学曲线，曲线是由实验数据绘制的。

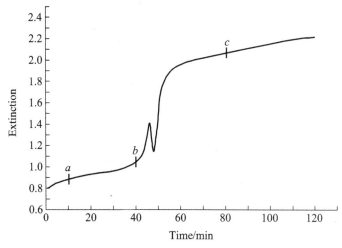

图 1-32　胶原生物矿化动力学曲线

3. 制作化学计算面板

利用 Excel 的表格和计算功能，可以用一个 Sheet 来生成计算面板，以方便例行分析中的某些化学计算。分析化学平衡溶液中各类酸碱盐溶液的 pH 值计算，络合平衡溶液中各络离子浓度计算，电极电位值计算，溶解度计算等，这些计算项目都可以制成计算面板。计算面板中已经包含计算公式，使用时，只要将已知量填写到指定的单元格中，在含计算公式的结果单元格中立即显示出计算结果。

例 1-2：制作一元弱酸 pH 值近似式计算面板

在 A2 中放 K_a 值，B2 中放一元弱酸的分析浓度值 c，在 C2 中输入一元弱酸溶液的[H$^+$]的计算公式，在 D2 中输入溶液的 pH 计算公式。两个化学公式及输入表达式的对照见下表：

化学公式：$[H^+] = \dfrac{\sqrt{K_a^2 + 4cK_a} - K_a}{2}$；　　　　　$pH = -\lg[H^+]$

C2 中的公式=（（c*Ka+4*Ka*Ka）^0.5-Ka）/2=（（A2*A2+4*B2*A2）^0.5-A2）/2

D2 中的公式=-log10（[H$^+$]）=-log10（C2）或=-log（C2）

建议：将化学公式转换成表格公式时，可先保留化学符号，只转换数学运算符，然后再根据各个化学符号对应的单元格名称，将化学符号转换成单元格名称。注意，小括号必须成对出现，否则将会出错。

在本例中，A2 代表 K_a 的值，B2 代表浓度 c 的值，C2 代表[H$^+$]的值。

公式中的根号部分用（……）^0.5 表示，也可以表示为（……）^（1/2）或用开根函数 SQRT（……）。

在 A2 和 B2 还没有输入数据之前，C2 中显示"0"，D2 中显示"#NUM!"。但若我们在 A2 输入了 1.8E-5，B2 输入了 0.1，回车后，C2 的值立即变为"0.0013327"，D2 的值变为为"2.8752771"。

注："#NUM!"表示你使用了无效的数据。当 A2 和 B2 都含数据时，计算结果就有效了。

$K_a=1.8\times10^{-5}$，可以写成科学记数，计算机通用表示法为：1.8E-5，当然，也可以写成 0.000018。

只要改变单元格 A2 或 B2 中的数值，结果立即随之变化。

为了便于阅读，可在 A1 单元格输入 K_a，在 B1 单元格输入 C，C1 单元格输入[H$^+$]，D1 单元格输入 pH。表格截图见图 1-33。为了美观和阅读，加了边框，A1 到 D1 加了底纹，见图 1-34。

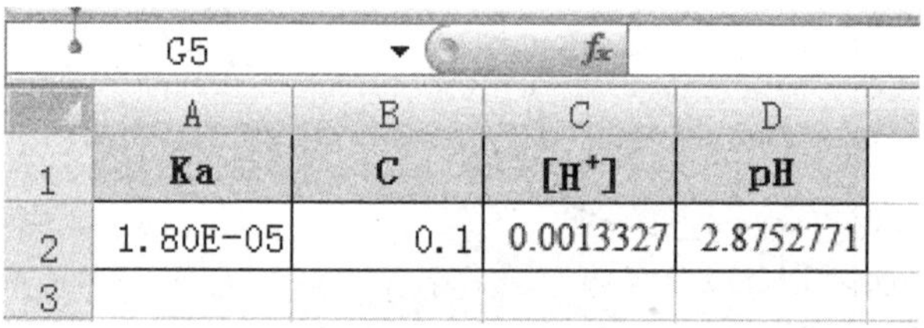

图 1-33　按一般的数字格式表示数字

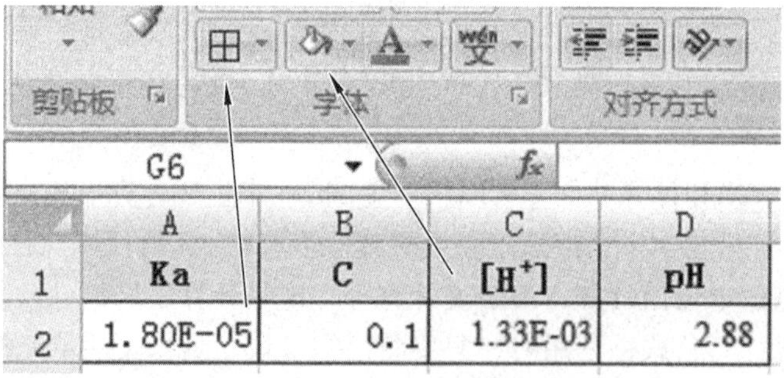

图 1-34　按科学计数法格式表示数字

生成的数据小数后位数太多，可以从右键菜单里设置"设置单元格格式/数字/数值"，D2 修改小数后位数为 2 位，C2 则修改为科学记数法，小数后 2 位。显示的结果数据就比较合理了。

底纹和网格线从工具栏"开始"面板上选择修改。

在上面的一元弱酸计算面板中，只要在第二行输入 K_a 值和 C 值，就能立即显示出计算结果。

实例 3：通式为 M_mA_n 的沉淀在纯水中的溶解度 s 计算面板（溶度积符号 K_{sp}）

化学公式：$s = \sqrt[(m+n)]{\dfrac{K_{sp}}{m^m n^n}}$

表格中的第一行为各数据的标签，A1 输入 "K_{sp}"，B1 输入 "m"，C1 输入 "n"，D1 输入 "s"。

表格中的第二行中，A2-C2 为要输入的数据，根据实际物质组成输入。D2 输入上面的公式：

D2 的公式为：$=(K_{sp}/m^m/n^n)^{\wedge}(1/(m+n))=(A2/B2^{\wedge}B2/C2^{\wedge}C2)^{\wedge}(1/(B2+C2))$

首先，将化学公式转换成表格公式，即保留化学符号，转换数学运算符；然后，再将化学符号转换成单元格名称。开（m+n）次方，表示成 （……）^（1/（m+n）），请注意：1/（m+n），分母要加括号，计算面板截图见图 1-35。

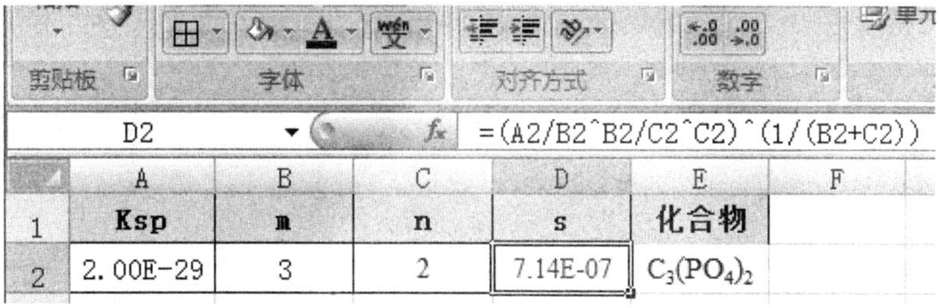

图 1-35　输入公式自动生成结果

在上面的一元弱酸计算面板中，只要在第二行输入 K_{sp} 值、m 值和 n 值，就能立即显示出沉淀溶解度的计算结果。改变沉淀种类时，只需按具体物质，输入 A2-C2 的三个值，s 结果立即显示。

在设计化学公式计算面板时，一定要清楚：公式中的变量必须是已经存放在指定单元格中的数值，而在表格中的公式表达式里，变量是用数值所在的单元格名称来表示的，不是具体的 x，y，pH，K_a 等，一些恒量，也可以直接输入数字。另外，在表格中的计算式中，系统只认半角小括号，不能使用中括号和大括号。

利用 Excel 进行计算和绘图时，自定义公式是必须要输入的，注意算符：+、-、*、/、^、log 的使用，必须是半角符号，常用对数可用 log（ ），但绝不是 "lg（ ）"，系统函数库中没有这个符号，公式总是以半角的 "=" 开始，后接公式表达式，注意括号也是半角符号，成对出现。

1.3.3　标准曲线与线性回归方程计算

标准曲线法是仪器分析中常用的定量分析方法。通过仪器测定标准溶液系列和试样溶液的特征物理量（如吸光度、光强度、电位值、电流值、峰面积等），用标准溶液系列的浓度与对应物理量作图，即得接近直线型的散点图，可以用手工方法或软件方法拟合，得到散点群的线性渐近线，即回归直线。拟合的直线反映了测量值与浓度之间的定量关系，可以用来进行试样溶液的浓度测定。这就是标准曲线法的意义。

线性回归方程的一般表达式为：

$$y = a + bx$$

线性回归方程可以通过两组正相关的实验数据制作曲线或计算得到 a、b 和 r。

例 1-3　吸光光度法测铁的标准曲线制作。

1. 作图法

已知，标准溶液中铁（Ⅱ）浓度与吸光度 A 的测定结果为：

$C_{(Fe^{2+})}$	2.00	3.00	4.00	5.00	6.00	7.00	8.00
E	0.071	0.111	0.143	0.178	0.218	0.250	0.291

（1）分别输入标准溶液浓度值 Ci 和测量值 Ai

浓度值可放 A 列，单元格 A1 放铁浓度标签，数据置于 A2-A8 等七个单元格中。

测量的光密度值 Ei（即吸光度值 Ai）可放 B 列，B1 放光密度标签，七个测量值放在 B2-B8 的七个单元格中。

（2）选择两列数据，用上述方法作图，图的类型选择"散点"图。见图 1-36。

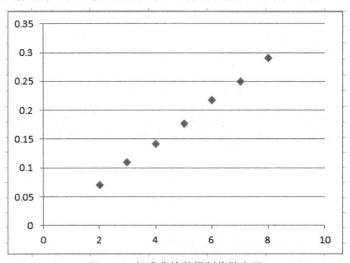

图 1-36　标准曲线数据制作散点图

横坐标为浓度值 c（ug/mL），纵坐标为吸光度值 A。

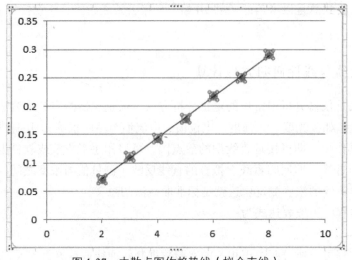

图 1-37　由散点图作趋势线（拟合直线）

（3）单击绘图区任意位置或任何一个数据点，呈选中状态，右击，从右键菜单中选择"添加趋势线"，在数据点之间即出现一条直线。该直线就是线性回归直线。

测定试液浓度时，从纵坐标上找到试液的测量值 E_x，作水平线交回归直线，过交点作垂线交于横坐标，交点处的数值即为试液的浓度值 C_x。

（4）线性回归方程式。点"作图工具/布局"面板上的"趋势线"，从下拉菜单中找到"其他趋势线选项"，弹出下图：

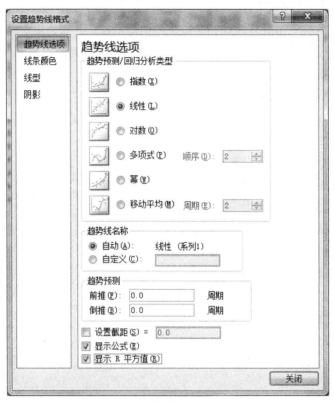

图 1-38　趋势线的设置（公式及 R 值）

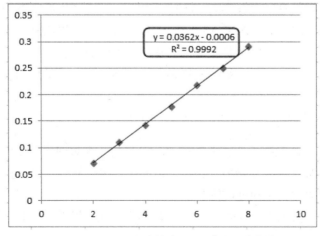

图 1-39　显示回归直线方程及 R^2 的标准曲线

选线性（已选），在"显示公式"和"显示 R 平方值"左边方框打勾，关闭。曲线图中便添加了方程式及 R^2 值。如果想将 R^2 改成 R 值，可以手动开方处理后改写图中的数据。R=0.9996

至于图形的各种设置，添加图题、坐标题、改坐标范围和分度值等，上面已经介绍过方法，此处不再赘述。

2. 线性回归系数的函数计算

Excel 中已经含有三个处理线性相关数据的内部函数。其实，用户完全不必作图，只要录入两列相关数据，即可使用三个内部函数生成线性回归方程的斜率 b、截距 a 和相关系数 r。三个内部函数是：

（1）SLOPE：给出线性回归方程的斜率 b。

语法为：SLOPE（y 值数列，x 值数列）

（2）INTERCEPT：给出线性回归方程的截距 a。

语法为：INTERCEPT（y 值数列，x 值数列）

（3）CORREL：给出线性回归方程的相关系数 r。

语法为：CORREL （y 值数列，x 值数列）

y 值数列，就是实验中得到的一组 y 数据；x 值数列是实验中得到的一组 x 数据，在公式中可以表示为：

SLOPE（y 的数据块，x 的数据块）

INTERCEPT（y 的数据块，x 的数据块）

CORREL（y 的数据块，x 的数据块）

在本例中，设 B 列（光密度）为 y 值，单元格范围在 A2～A8；A 列（浓度值）为 x 值，实验值共有 7 组，斜率、截距、相关系数分别放在 D2、D3、D4 单元格中，则公式计算表达式为：

D2=SLOPE（B2：B8，A2：A8）   生成值为 0.0361786

D3=INTERCEPT（B2：B8，A2：A8）   生成值为-0.000607

D4=CORREL（B2：B8，A2：A8）   生成值为 0.9995837

线性回归方程为（数据作了取舍）：E=0.0362C-0.0006

测定试液浓度时，方程可表示为 C=27.64E+0.0168 代入试液的 E 值即可计算出浓度值。

1.3.4 实验误差计算

误差计算是实验数据处理的常规要求。Excel 提供了大量的误差分析与计算的函数。一般数据的处理主要要求计算平均值、相对平均偏差、标准偏差和相对标准偏差等。此外，数据处理还包括显著性检验和可疑值取舍。

根据给定的实验数据（一组或两组），可以利用系统中提供的内部函数直接计算如下统计量：

表 1-2　Excel 中的常用函数

函数名称及符号	解释及注意事项
SUM，求和	1. 函数名在录入时不分大小写，系统会自动转大写
MAX，最大值	2. 输入函数名时，名称前务必要加半角"="，全角无效
MIN，最小值	3. 括号内为数据单元格名称，名称可大小写，半角括号
AVERAGE，平均值	4. 这些函数是对一组数据进行统计，给出的不同统计量
AVEDEV，平均偏差	5. 参与统计的数据可以位于连续的一列（或行）单元格中，例如 A1 到 A10 均有数据，则全部数据表示为 A1：A10
STDEV，样本标准差	6. 参与统计的数据也可以分布在不连续的几块中，此时每块数据仍然用"首位：末位"表示，但不连续块间用半角"，"隔开，例如：=sum（A1：A10，B1：b3，D6）
STDEVP 总体标准差	7. 相对平均偏差无函数，用算式=avedev（ ）/count（ ）*100
COUNT，数字数据个数	8. 相对标准偏差无函数，用算式=stdev（ ）/count（ ）*100
MODE，众值	
MEDIAN，中值	
KURT，一组数峰值	
DEVSQ，偏差平方和	一组数据中各个个别偏差的平方和：$\sum(x_i-\bar{x})^2$，不常用
SLOPE，直线斜率	一元线性回归函数需要两组线性相关的数据，在函数的括号内，左为因变量 y 数据块的范围，右为自变量 x 数据块的范围，y 及 x 数据块都可用类似 A1：A10 的方法表示，数据宜连续摆放
INTERCEPT，直线截距	
CORREL，相关系数	
PI，圆周率	括号中不写任何内容，半角括号
LN，自然对数	例如：=LN（10），回车结果为 2.302585
LOG，未指定底的对数	例如：=log（2，10），10 为底，相当于 lg2=2.303 温馨提示：如果不写底，系统默认为底为 10 的常用对数
LOG10，常用对数	使用最多的常用对数，注意：公式不能写成=lg（真数）
POWER，幂计算函数	例：=power（3，2）结果为 9，实际就是 3^2 的意思，可用 3^2 代替
SQRT，平方根	例：=sqrt（3）结果为 1.732，可用 3^（0.5）或 3^（1/2）代替
算符：+、−、*、/、^（ ）	例 2^（2）结果为 1.4142，2 的 2 次乘方；8^（1/3）结果为 2，分数为开 3 次方。括号必须为半角，括号内的数字可以是整数、小数、分数，可以是正数、负数，指数若非正整数，必须加括号

相对平均偏差没有内部函数，则需要自己计算。

1.4　PowerPoint 在化学教学中的应用

PPT 是目前教学演示应用最广泛的办公软件。它制作方便，表现形式丰富，几乎在每一台电脑中都可以进行编辑和播放，深受学校教师和企业培训人员的欢迎。现介绍一些拓展性技术。

1.4.1 Flash 动画及视频的导入

1. 在 PPT 中播放 flv 文件

（1）PPT 2003 中的设置

点击工具栏上的"视图/工具栏/控件工具箱"，见图 1-40。

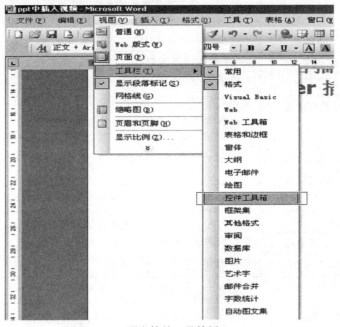

图 1-40 调出控件工具箱插入 Flash

在弹出的控件工具箱中，点击右下角的"其他控件"图标，找到并单击"Shockwave flash object"，见图 1-41。

图 1-41 选择 Flash 播放控件

图 1-42　用鼠标拉出的播放窗口

鼠标变十字，在幻灯片上拖动鼠标，画出一个矩形的 flv 的播放窗口，见图 1-42。

右击播放窗口，从右键菜单中选择"属性"，找到"movie"，在右边按下面要求填写："player.swf?file= flv 的文件全名"，注意："="右边必须是含 flv 的完整名称。关闭属性窗口，flv 视频就可以播放。

特别要注意的是：flv 格式的视频文件必须要与 PPT 文件放在同一个目录下，还需要放置一个名为"player.swf"的文件，该文件可以从网上下载。这种方法特别适合 flv 视频的插入播放，也适用于 swf 的 flash 文件播放。

属性	
ShockwaveFlash1 ShockwaveFlash	
按字母序　按分类序	
(名称)	ShockwaveFlash1
AlignMode	0
AllowFullScreen	false
AllowFullScreenInteractive	false
AllowNetworking	all
AllowScriptAccess	
BackgroundColor	-1
Base	
BGColor	
DeviceFont	False
EmbedMovie	False
FlashVars	
FrameNum	-1
Height	297
IsDependent	False
Loop	True
Menu	True
Movie	player.swf?file=节支键浆.flv
MovieData	
Playing	True
Profile	False
ProfileAddress	
ProfilePort	0
Quality	1

图 1-43　播放控件的属性设置（电影名称及格式）

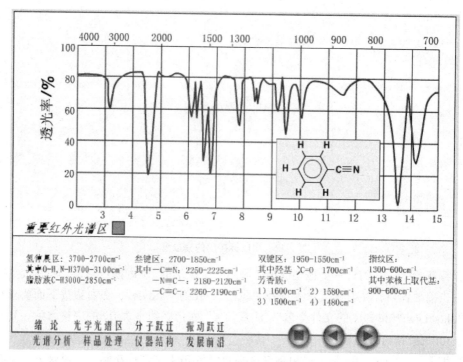

图 1-44　Flash 播放实例

（2）在 PPT 2007 的设置

点工具栏上的"开发工具/控件"，点右下角的"其他控件"图标，即弹出控件选择窗口，以下操作同上。

2. 在 PPT 中播放 swf 动画

用上面的方法也可以播放 swf 动画。控件属性设置中，即"Movie"右侧可以写 flv 文件，也可以写 swf 文件。前提是：当前 PPT 文档目录下要放置 swf 或 flv 文件，同时还要有文件 player.swf。

如果仅仅播放 swf 文件，不用 player.swf 文件也能播放。不使用 player.swf 时，在属性窗口中"Movie"右侧直接写 swf 文件的全名（含扩展名.swf）。只要 swf 文件与 PPT 文档在同一目录即可。其他设置与上面相同。

设置完毕，点击控件面板上的"设计模式"，使窗口弹出，此时，动画或视频就可以播放了。

在其他电脑上播放 swf 或 flv 时，务必将 PPT 与 swf 文件或 flv 文件放在同一文件夹下，才能正常播放。而且，打开 PPT 时，系统会提示，是否允许控件运行（2003 版），或在工具栏下面出现"安全警告"，见图 1-45。

图 1-45　打开 PPT 出现的安全警告（点选项）

点"选项"，"启用此内容"。PPT中就能正常播放视频或swf动画了。

此外，还可以修改控件属性，让PPT将swf文件打包在一起，在其他电脑上演示时不必带着swf走。设置方法为：

在Shockwave flash object属性设置窗口中，找到"EmbedMovie"属性，将右边默认的"false"改为"true"。保存文档，swf文件就被打包在PPT中了。

这种打包后的PPT在别的电脑中有时不能播放swf，提示某些控件没有注册，主要原因是那些电脑中的flashplayer版本较高，遇此情况，用常规方法不能分离打包的swf动画，也无法修改设置。建议在PPT中要播放swf文件时，还是采用swf文件与PPT分离保存的方法较为稳妥。

1.4.2　PPT的触发器设计

PPT的一般演示方法是按设计好的展示顺序播放，如果想让某页的几个内容不受顺序的限制随意演示和反复演示，就要用到触发器，或者用按钮控件及代码实现。现以各种酸碱溶液PH值计算公式小结表为例，介绍触发器的设计方法。

1. 触发器的作用是什么

触发器一般是一组按钮，每个触发按钮对应一个显示内容（图片、文字、动画等），而每个触发按钮的点击是没有时间顺序的，可以按任意顺序点击，使页面上的诸多内容则根据某一按钮的触发来显示某个内容。

在化学PPT中，可以用它来做一组习题讲解的演示，学生想重复看，或者教师根据学生的认知反应，觉得某个内容需要再强调或重现，就可以使用触发器的功能。对于复习内容、知识小结等课型，使用触发器设计的PPT会显得灵活自如，也会让视觉效果更好，更人性化。

2. 触发器设计实例

现有一"各种酸碱溶液溶液的PH值计算表"，见图1-46，要在PPT中的某页来展现，但内容太多，无法在一页中显示，所以在演示时可能会根据观众的喜好和要求，任意地、重复地调用某中一部分或几部分内容。

根据上述的设计要求，就可以设计一个触发器来实现。设计步骤为：

（1）准备页面上的显示内容。将图1-46中的内容按左侧的酸碱类型分为六部分，用截图来获取，将截图粘贴到PPT页面中。

（2）准备几个带文字的按钮图标，将六个按钮图标置于左边，右边放置一个矩形线框，并置于底层，作为显示内容时的一个虚拟白板（可以省略的）。将所有要呈现的公式截图放在白板上面，上下适当错位，左右排列整齐，见图1-47。

（3）点击任意一个截图（选中），再单击工具栏上的"幻灯片放映"栏，再点击该工具栏上已经显示的"图片工具/格式"（因为选中的是图片，所以工具栏顶部会显示并加亮"图片工具"，下面有"格式"亮条。单击"格式"，再点格式中的"选择窗格"，见图1-48，右边即出现当前页面上已有的素材清单（图片、文本框等，控件图标不会出现）见图1-49。

窗格素材的名称可以修改，建议将名称修改成与化学内涵相符的名称。触发器的按钮可以改名为"按钮1""按钮2"，或用Key1、Key2等表示。

各类酸碱溶液的pH计算公式（含计算工具）

类型/实例	质子条件PBE	[H⁺]计算公式	简化条件	实例计算(工具)
一、一元强酸(强碱)				
1、最简式	$[H^+]=c$	$[H^+]=c$	$C \geq 10^{-6} mol/L$	
2、精确式	$[H^+]=c+[OH^-]$	$[H^+]=\dfrac{c_a+\sqrt{c_a^2+4K_w}}{2}$	$C < 10^{-6} mol/L$	我要计算
3、硫酸(强弱混酸)	$[H^+]=c+[SO_4^{2-}]+[OH^-]$	$[H^+]=\dfrac{\sqrt{(K_{a2}-c)^2+8cK_{a2}}-(K_{a2}-c)}{2}$	$C \geq 10^{-6} mol/L$	
二、一元弱酸(弱碱)	$[H^+]=[A^-]+[OH^-]$			
1、近似式	$[H^+]\approx[A^-]$	$[H^+]=\dfrac{-K_a+\sqrt{K_a^2+4cK_a}}{2}$	$c_a K_a > 10 K_w$	
2、最简式	同上，有$[HA]\approx c$	$[H^+]=\sqrt{cK_a}$	$c_a K_a > 10 K_w \quad \dfrac{C_a}{K_a} > 100$	我要计算
3、极稀或极弱		$[H^+]=\sqrt{K_w+cK_a}$	$c_a K_a < 10 K_w \quad \dfrac{C_a}{K_a} > 100$	
三、多元弱酸(弱碱)	$[H^+]=[HA^-]+2[A^{2-}]+[OH^-]$ $[H^+]=[H_2A]+2[HA^-]+3[A^{2-}]+[OH^-]$			
1、近似式	$[H^+]\approx[HA^-]$, $[H^+]\approx[H_2A]$	$[H^+]=\dfrac{-K_{a1}+\sqrt{K_{a1}^2+4cK_{a1}}}{2}$	$c_a K_a > 10 K_w \quad \dfrac{K_{a2}}{\sqrt{cK_{a1}}} \leq 0.05$	

图1-46　酸碱溶液误差计算表

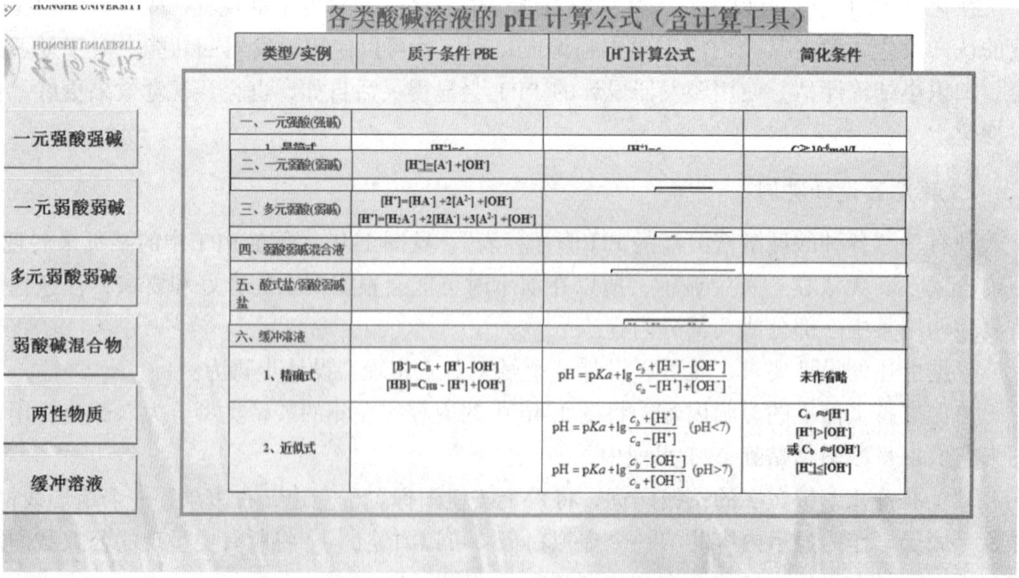

图1-47　触发器页面上的素材布局

（4）给要显示的内容指定按钮。图1-47中共有6项显示内容（6类公式），可以按显示内容从上到下的顺序来指定按钮调用的顺序，建议按钮关联的顺序也是从上到下的顺序（不按顺序对应来关联显示内容和按钮也是可以的）。

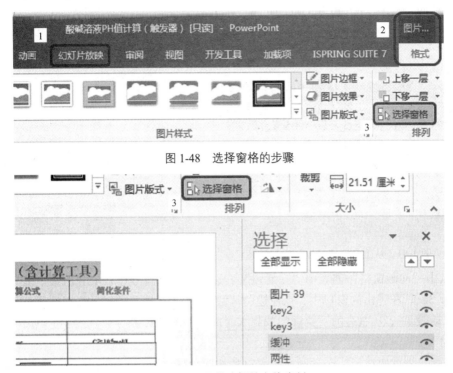

图 1-48 选择窗格的步骤

图 1-49 可供选择的窗格素材

设置：单击选中"一元强酸强碱"的显示内容（窗格中为名为"一元强"的素材），右边的窗格中"一元强"素材自动被加亮显示。再单击工具栏中的"动画"项目（即为该显示素材设置动画），选中其中一种动画效果，如擦除动画。然后，点击工具栏右边"图片/格式"下的"动画窗格"，在编辑窗口中会新增一列"动画窗格"的选项，见图 1-50。而且当前被选中的素材（一元强）即会出现在动画窗格列表中，只有设定了动画效果才会出现。

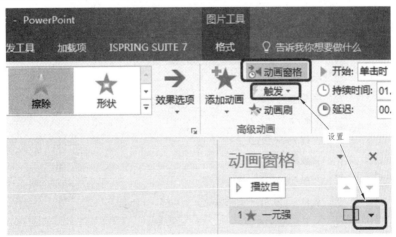

图 1-50 显示动画窗格与触发按钮设置

下面是给启动该动画指定"触发"按钮，设定方法有两种（见图中的两个箭头方向）：

① 点击工具栏上"触发"右边的倒三角符号，展开下拉菜单，点"单击/Key1"，Key1就是页面左上第一个触发按钮的名称，这样就指定了触发动画的按钮，见图 1-51。

图 1-51　从工具栏"触发"设置按钮　　　　图 1-52　从动画窗格中的"计时"设置按钮

② 点击"动画窗格"列表中"一元强"右边的倒三角符号，在展开的菜单里选择"计时"（图 1-52），在弹出的窗口中，点左边的"触发器"，从展开的触发器里选择"单击下列对象时启动效果"，从右边的下拉框中找到 Key1，见图 1-53，确定。注意：上面要选择"开始-单击时"。

　按上述步骤就完成了一个动画显示素材的按钮触发设置。一般设置了素材进入的动画，一定要设置一个退出的动画，不然，其他显示素材再出现时就会重叠在一起，或者相互覆盖。

　一个显示素材设置好出现的动画，并设置了触发的按钮之后，仍然选定该素材，然后点击工具栏上的"添加动画"图标，再设置素材的退出动画效果，指定触发按钮，方法和步骤与进入的设置相同。特别要注意：一定要从"添加动画"来新增动画和触发按钮，如果忽略了这一步，前面的"进入"设置就被替换成"退出"设置。

图 1-53　通过"计时"窗口设置触发按钮

按照上面的方法，将每个显示素材的动画进入和动画退出都进行设置，并各指定给一个按钮来触发。至此，触发器就设置完毕。图 1-54 是按下左边"一元强酸强碱"按钮后显示的公式界面，如果再按一次该按钮，公式就会退出。

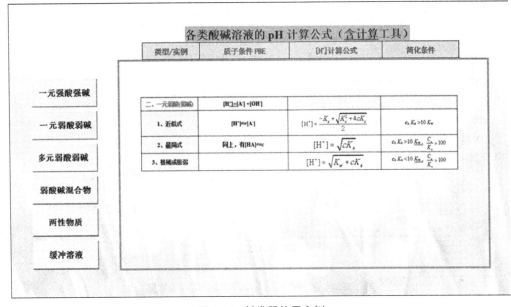

图 1-54　触发器使用实例

触发器还可以设置 PPT 中的视频播放控制，一般用控件设置好视频窗口和参数后，再添加三个按钮，分别是播放、暂停、停止，然后按照上面类似的操作来设置三个按钮的功能。

1.4.3　PPT 中长文本的显示

PPT 的显示特点是"提纲挈领"，不方便展示较多的文本内容。如果要在 PPT 中展示出较多的文字内容，包括多段文本内容，可以用 Office 中的文本框控件来实现。

文本框控件的设计步骤为：

1、点击工具栏上的"开发工具"，再点工具面板上的"文本框"按钮（见图 1-55，其中有"ab|"字样的图标就是文本框控件）。

图 1-55　PPT 工具栏上的文本框控件

2、按下文本框控件后，用鼠标在页面上划出一个用于显示文本内容的矩形窗口，调整好大小，对着窗口点右键，从右键菜单里选择"属性表"，弹出属性设置窗口，见图 1-56。

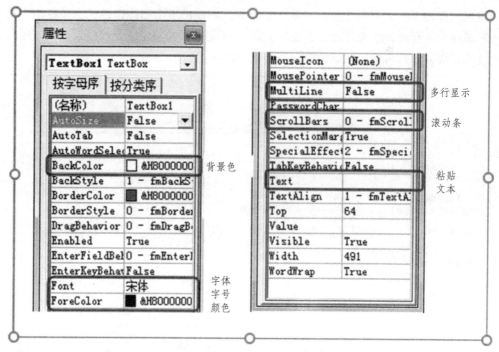

图 1-56　文本框的属性设置窗口（拆分成两部分显示）

插入的文本框一般需要设置如下的属性，各属性见图 1-56 中的文字注释：

1、背景色。单击右边口，可以调出调色板，选择喜欢的颜色。

2、字体。单击右边"宋体"，再点可以调出字体设置面板。设置与普通文档设置相同。

3、多行显示。单击右边"False，出现下拉倒三角，点开选择"True"，针对较多文字的句子就可以自动转行显示。

4、增加上下或左右滚动条。单击右边的"0-fmScrollBars"，调出滚动条选择，一般选择垂直滚动条"3-fmScrollBarsVertical"，这样就可以在显示较多文字时，通过右边的滚动条来翻阅内容。

5、粘贴文本内容。控件显示的内容不能在文本框上直接粘贴，需要从属性表的"Text"值里添加，先将要显示的内容复制到剪贴板中，然后，在打开的属性表中"Text"的右边单击，进入插入状态，再按下"Ctrl+V"，就可以将文本内容添加到文本框中了。注意：文本框里不支持角标、公式的编辑和显示，只能显示纯文本。文本内容还可以从右键菜单的"文本框对象/编辑"里进去修改，注意，编辑状态下不支持按回车分段。对于，多段显示的长文本，应该在记事本或 word 中分段后，再复制/粘贴到属性表的"Text"中，就自动分段了。

6、文本的对齐方式。点"TextAlign"的右边，选择"TextAlignLeft"为左对齐，另外两种为居中和右对齐。

至此，文本框的设置和内容添加即告结束，关闭属性表。文本框的滚动条在编辑状态下不显示，只有进入演示状态下才会显示，如果文本内容能够完整地一屏显示出来，则右边或下边的滚动条不会显示，仅当文本内容很多一屏不能显示完成时才出现滚动条。图 1-57 是文本框在演示时的一个显示实例。

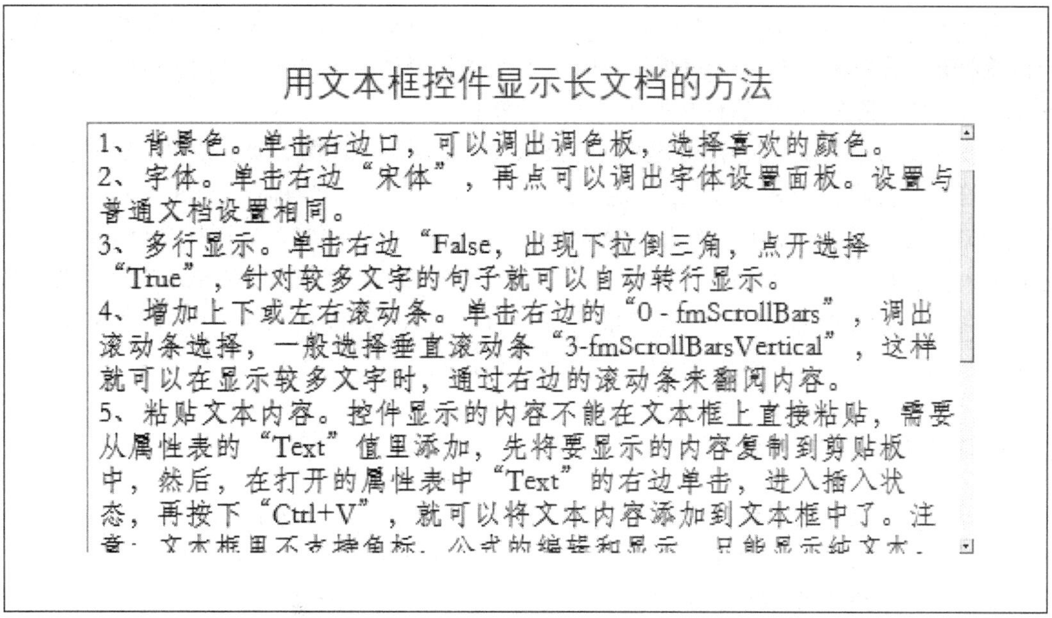

用文本框控件显示长文档的方法

1、背景色。单击右边口，可以调出调色板，选择喜欢的颜色。
2、字体。单击右边"宋体"，再点可以调出字体设置面板。设置与普通文档设置相同。
3、多行显示。单击右边"False，出现下拉倒三角，点开选择"True"，针对较多文字的句子就可以自动转行显示。
4、增加上下或左右滚动条。单击右边的"0 - fmScrollBars"，调出滚动条选择，一般选择垂直滚动条"3-fmScrollBarsVertical"，这样就可以在显示较多文字时，通过右边的滚动条来翻阅内容。
5、粘贴文本内容。控件显示的内容不能在文本框上直接粘贴，需要从属性表的"Text"值里添加，先将要显示的内容复制到剪贴板中，然后，在打开的属性表中"Text"的右边单击，进入插入状态，再按下"Ctrl+V"，就可以将文本内容添加到文本框中了。注意，文本框里不支持鼠标、公式的编辑和显示，只能显示纯文本。

图 1-57　PPT 中使用文本框控件的显示效果

1.4.4　PPT 转换为 Flash 和 MP4

PPT 文档可以转换为 Flash 文档，其主要用途有两个：一是方便嵌入网页，在网上观看；二是转换后，一般人不能再对其修改，可以防止别人篡改个人的劳动成果。

PPT 转换为 Flash 的软件常用有两类：

第一类是 Flashpaper（主要用于 Win XP 系统，在 64 位的 Win 7/8 系统中不能用）、Print2Flash 虚拟打印机（可用于 Win XP/7/8 等），它们转换成的 swf 文档，不能播放，只能像 Word 文档一样逐页浏览。

第二类是 iSpring Presenter 嵌入式软件，它们嵌入到 PPT 软件的工具栏中，要转换某个已经打开的演示文稿时，只需要点击工具栏上的 iSpring Presenter 按钮，即可将 PPT 完整地转换成一个 swf 文档，这种 swf 文档可以交互式地播放，该有的音频、视频都能保留在文档中，而且还能在 PPT 的某页中用 iSpring Presenter 添加新的录音或教师的录像（通过摄像头），功能比较强大。

PPT 也可以用狸窝 PPT 转换器，生成可以自动播放的 MP4 视频。使用时，打开转换器软件，导入 PPT 文档，用默认设置或简单改动设置就可以生成 MP4 视频。

1.5　WPS Office 简介

WPS 最早是由我国早期的计算机办公软件专家求伯君先生编写的，现在为金山公司的主要软件产品。WPS 从早期的 DOS 版发展到现在的 Windows 版、安卓版、苹果版，经过了很多年的风风雨雨，是最有影响力的国产办公软件。目前，WPS Office 2013 版为最新版本，完全兼容微软的 Microsoft Office 的各种版本。WPS Office 的个人版完全免费，它包含与微软 Office 的 Word、PPT、Excel 相对应的三个组件，个人版总容量只有几十兆，与 Microsoft Office 几百兆，甚至 1G 的软件相比，可谓短小精悍。

WPS office 是中国金山公司开发的办公软件。早期版本提供了大量数学、物理、化学学科的符号、仪器装置图、化学语言也非常丰富，排版符合中文习惯。WPS Office 可以满足化学文档的一般编辑要求，个人版默认没有 VBA，但可以添加。它同样支持 MathType 公式插入。早期的 WPS 2003 版有大量的化学作图工具和方程式模板，如果用户没有"化学金排""Chemwin""ChemOffice"之类的化学软件，可以使用 WPS 2003 中的图库来完成一些化学作图的工作，可以满足中学化学文档制作的要求。

1.5.1　WPS 2003 中的化学工具

主要化学工具包括：化学仪器、6 类化学符号。可以将该软件中生成的图案，复制到 Word 文档中。图 1-58 是 WPS 提供的化学仪器图。要构建有机结构图时，可用链状结构式、环状简写式、六角环等来组合。

化学工具可从"视图→工具栏→图文符号库"来打开该图。使用时，点击所需图形，在右边的文档编辑窗口中按下左键拉出一个大小适中的线框，就可产生等大的图形了。图形可以缩放、旋转。

化学符号还可以从"插入→特殊符号→化学公式"里调入，图 1-59 是调入的"原子结构图"，可以进行一些基本设置。其他各类化学符号的调入与此相似。

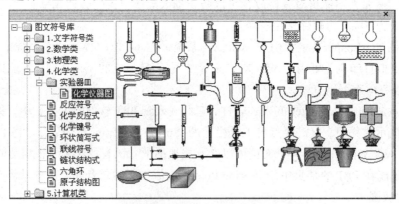

图 1-58　WPS 2003 中的化学仪器图

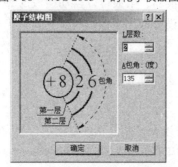

图 1-59　WPS 2003 中的原子结构图设置

1.5.2　WPS Office 与 Word 共享资源

　　WPS Office 字处理文档默认扩展名为.wps，也可以保存成 doc 和 docx 格式，还可以保存成 PDF 文档，演示文稿的主要保存格式有 ppt、pptx，电子表格的主要保存格式有 xls、xlsx，WPS Office 可以打开所有微软 Office 格式的文档，包括 PDF 文档。两套系统的文件互相打开时偶尔会出现排版位置稍许变化的情况。另外，用各自软件编写的公式也会出现丢失现象，WPS 2003 版的化学图库不能在微软的文档中显示。因为这些图形和结构是由 wps 的图形库提供的，在没有安装 WPS 软件的机器上打开转化后的 doc 文档时，电脑不能提供这些专用的矢量图库，因而会丢失特殊图形和化学符号。遇此情况，建议使用截图方式将化学图形粘贴到微软 Office 文档中。

2 化学绘图软件

2.1 简 介

MicroSoft Word 是一个非常强大的图文编辑软件，但没有提供画化学分子结构式的工具，如使用其他的一些绘图软件如 Windows 自带的"画图"等，由于不是为绘制分子结构式所设计，使用起来非常不方便。化学专业的从业人员经常要画分子结构，因此需要了解并学会使用一些这方面的专业软件。有关化学结构式编辑的软件市面上非常之多，它们各有所长，但主要功能都是对描绘化合物的结构式、化学反应方程式、化工流程图、简单的实验装置图等化学常用的图形的绘制。常用的绘制 2D 分子结构的软件为 ChemWindow，CS ChemDraw, ISIS Draw 和 ChemSketch 等；绘制 3D 分子结构的软件有 CS Chem3D，HyperChem, WebLab ViewerPro, ArgusLab 和 RasMol 等。其中一些软件如 CS Chem3D 和 HyperChem 还集成了分子力学、分子动力学、半经验以及从头算量子化学计算的部分，应用这些软件，不仅可以绘制三维的分子结构，还可以计算显示该分子的结构性质如分子表面、静电势、分子轨道等。学会和使用这些软件对提高工作效率、进一步从根本上了解分子的性质有很大的帮助。

2.2 CS ChemWindow 简介

ChemWindow 是一个能绘出各种结构和形状的化学分子结构及化学图形的免费软件，最新版本是 6.0。该软件安装过程与其他 Windows 软件类似，安装后即可运行。程序打开后，窗口界面与一般 Win9x 系统的软件相似，依次包括菜单栏、工具栏和文档区，见图 2-1。工具栏提供了许多常用的化学分子及化学键，使用时用鼠标点一下工具栏中所需的工具，移动鼠标到编辑区后，鼠标指针变为"+"，在合适位置点击鼠标，则分子结构式就会出现，使用非常方便。ChemWindow 6.0 还支持 Windows 剪贴板，所有结构式可以方便地以对象形式剪贴到 Word 文档中，而当要进行修改时，只需在 Word 文档中双击结构式，即可打开 ChemWindow 进行修改。下面我们从工具栏开始按功能分类介绍 ChemWindow 6.0 软件的使用方法和技巧。

工具栏：ChemWindow 6.0 更改了工具栏的形式，使其与 Windows95 的风格统一，同时提供了更多的工具按钮以及增加了工具栏选择的自由度，见图 2-1。通过工具栏上的 View 菜单可以设置工具栏上的工具，用户可以根据自己的需要在工具栏上显示或掩藏各种工具。

此外，工具栏上的一些工具图标右下角有一个三角符号，所有带三角符号的工具也可以从工具栏下面的绘图区的右键菜单里选择。在绘图区（工作区）右击鼠标，会显示一个工具图标汇总表，鼠标移到总表中某个图标上，该工具即被选中，效果与单击工具栏上的图标相同。右键汇总表中的图标都是带三角符号的工具图标，见图2-2。

图2-1　ChemWindow 6.0 窗口

View 菜单中共有 15 类工具，见图2-3。

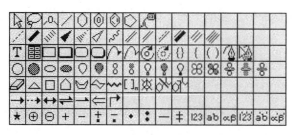

图2-2　工具区的右键菜单图标汇总

图2-3　View 菜单中的工具

下面扼要介绍一些常用按钮。

Standard Tools（标准工具）：

其中，用于选取绘图区中的某一范围；用于选取整体中的部分；T 为文字工

047

具，用于书写分子式等，但有所区别；$\diagup$：键线工具，用于绘制单键，双键或其他键线。

Bond Tools：

在 Standard Tools 中有 各类环状。若按住 按钮，可以获得更多环状结构物质，见图 2-4：

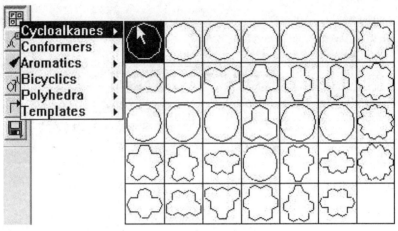

图 2-4　各类环状结构模板

若按住右下角有红的三角图标，如 ，右击文档区域的空白处，都会出现各种模板图标的总汇，单击其中一图标，即可在文档区域画出该模板的图形。

模板 为编辑图形的按钮，功能分别为将选中的图形进行如下处理：置于顶层、置于底层、组合、拆分、自由旋转、水平旋转、垂直旋转、对齐。

2.2.1　简单有机结构式的绘制

利用"其他（Other）"菜单中的"制作棍状结构（Make Stick Structure）"或"制作结构标签（Make Labeled Structure）"进行转换，如戊烷的键线式的绘制。其步骤为：

① 首先写出分子式：$CH_3(CH_2)_3CH_3$。

② 用选择工具选中分子式，点击"其他（Other）"菜单中的"制作棍状结构（Make Stick Structure）"，即可得到戊烷的键线式。

③ 若选中键线式，点击"其他（Other）"菜单中的"制作结构标签（Make Labeled Structure）"则又可以得到分子式。

除这种方法外，更直接、更常用的做法是用其他按钮，下面介绍几种键线的工具绘制。

1. 键线式的绘制

该方式为最简单的结构式表示方法，省去所有碳原子和氢原子，用锯齿形状的角和端点表示碳原子，键线表示碳原子的结合次序。

（1）直链烃键线式：如正戊烷的绘制。

点击键线按钮 ，光标变成"＋"形；按住鼠标左键，在文档中拖动，其中的数字表示碳原子的个数，个数为"5"时松开鼠标。

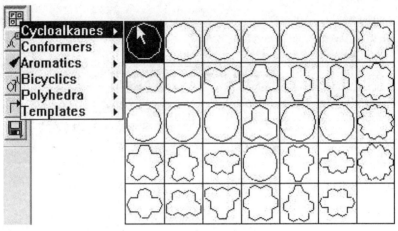

（2）含有支链或双键、叁键的键线式，在直链的基础上添加，如己烷的同分异构体的绘制。

①用 ⩓ 工具绘出 4 个碳的键线：⩗⩗。

②选择单键工具 ⟋，将光标移到第 2 个碳上，出现黑色方块时点击两下，添加两个单键；用套索工具 ⌕ 将键线移动到合适的位置。

（3）双键的绘制，以 1，3—丁二烯为例。

①用 ⩓ 工具绘出 4 个碳的键线：⩗⩗。

②选择双键工具 ⫽，将光标移到第 1 个 C—C 双键的中间，出现黑色小方块后单击，若希望另一键线在上面，则再次点击；同理绘出另一双键。

注：两化学键之间如果不特别标明化学元素，程序默认为碳元素，如果要加上化学元素，则用文字工具 ⍺ 添加，如丙酮分子的绘制。

用键线和双键绘出丙酮的结构；点击 ⍺ 工具，将光标移到双键的上部，出现黑色方块后单击，在光标处输入"O"，同样在单键两端输入甲基。

$$ \underset{H_3C}{\overset{O}{\parallel}}\underset{CH_3}{} $$

2. 锯架透视式

用于表示两个或者两个以上碳原子的有机化合物的立体结构，所有的键线均用实线表示。

如乙烷锯架透视式的绘制：

①选择单键工具 ⟋，在文档中点击 3 下，得到一个甲基。

②选中这个甲基，点击自由旋转工具 ⟳，将其转到正放的位置。

③将其复制一份，选中，用垂直翻转工具 ◁ 将其翻转，得到一个倒放的甲基。

④用单键工具 ⟋ 为正放的甲基添加一条键，并用套索工具 ⌕ 将键线拖动到合适的位置，并将倒放的甲基移动到单键上，用文字工具 ⍺ 加上氢元素 H，最后同时选中全部，点击组合按钮 ⊞（或按 Ctrl+G 键）将其组合。

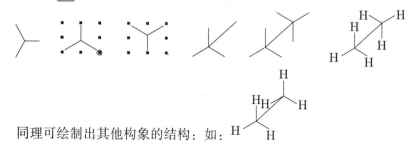

同理可绘制出其他构象的结构：如：

注：自由旋转工具用后，再次点击，使其处于未选中状态，否则将影响其他工具的使用。

3. 楔形透视式

实线表示纸平面上的键，虚线表示伸向纸后方的键，楔形表示伸向纸平面前方的键，以乙烷的楔形透视式为例。

① 用 工具绘出 4 个碳的键线。

② 选择虚线键工具 ，将光标移到第 3 个碳，按住鼠标左键拖放，绘制出表示伸向纸后方的键。

③ 同样用楔形键 绘出表示伸向纸平面前方的键。

④ 同理绘制出另外两个键，注意楔形将与对面的虚线键平行，最后添加氢元素后全选、组合。

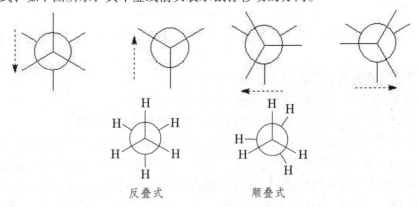

4. 纽曼投影式

将分子模型放在纸面上，沿 C—C 键的轴线投影，以 表示前面的碳原子及其键，以 表示后面的碳原子及其键。以乙烷为例：

在文档空白处单击右键，选择 工具，即可得到一个交叉式纽曼投影，用选择工具选中，将光标移到 4 角的控点上，光标变成"+"时拖动鼠标将其扩大到合适的大小，最后加上氢元素，全选，组合即可。其中，在松开鼠标之前，移向不同的方向拖动将得到不同构象的纽曼式，如下图所示，其中虚线箭头表示鼠标移动的方向。

反叠式　　　　　　　　顺叠式

2.2.2　复杂有机结构式的绘制

1. 环状分子结构式的输入

主要是利用环状工具，如输入苯环：点击工具箱中"苯"的结构元件，可选取单双键或圆形结构，再在绘图区点击即可。若同时按住"Shift"键作图还可调整苯环的大小；按住鼠标左键后并转动鼠标可旋转苯，常见的各种环状如下图所示。

另外在 ▦ 工具中提供大量的模板可直接调用，如图 2-5 所示。

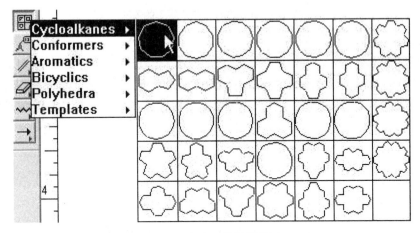

图 2-5 各类环状结构模板

2. 多种环状结构组合

在一个环状结构的基础上，点击环上的结点和键上的结点得到不同的物质：点击环上的结点，会以一根键连接另一个环；点击环上的边，则共边连接一个环，如图 2-6 所示。

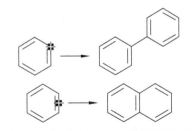

图 2-6 二环相连和双拼的操作柄位置

同样可以绘制出其他的稠环烃，如蒽、茚、苯并芘。

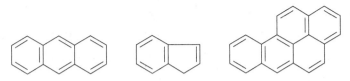

按住 ▦ 键可以获得更多环状结构物质。

3. 文字和结构组合

（1）带支链的环状化合物。

一般先画出所需的环状结构，再将文字或基团加在相应的环状结构位置上。欲画出苯酚的结构，可先画出苯环的结构，再用单键工具 ╱ 画出连接的键线，最后用文字工具 ｡ᴀ 添加 "OH"，注意当光标在连接的地方出现黑色方块后再点击，可使整体连接得更好。

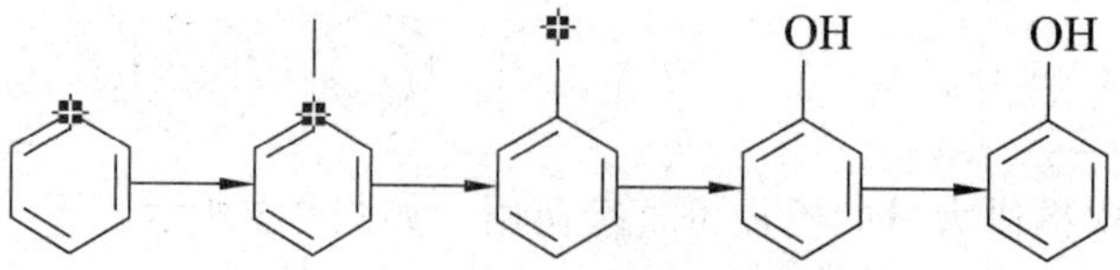

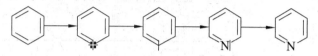

图 2-7　环上支链（带字符）的画法

（2）杂环化合物。

即是环状有机化合物中，构成环的原子除了碳原子外还有其他原子，并具有芳香结构的物质，常见的杂原子有 N、O、S 等；一般先绘制一个环，再点击 ，移动鼠标至环状结构上的端点，等出现一个小黑方块后单击鼠标，再输入杂原子元素符号，如吡啶的结构绘制：

图 2-8　环上添加元素符号的画法

同理可绘制出其他杂环化合物，如：尼古丁、咖啡因、胆固醇，其结构图如图所示。

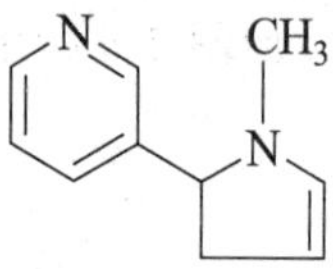

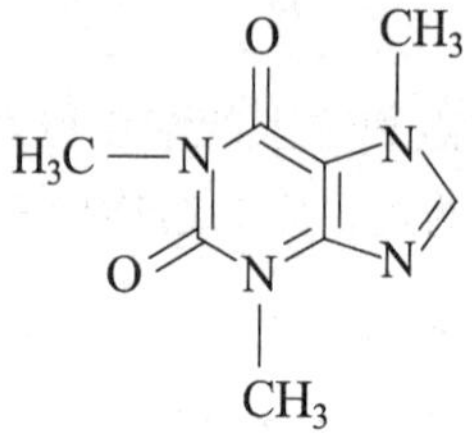

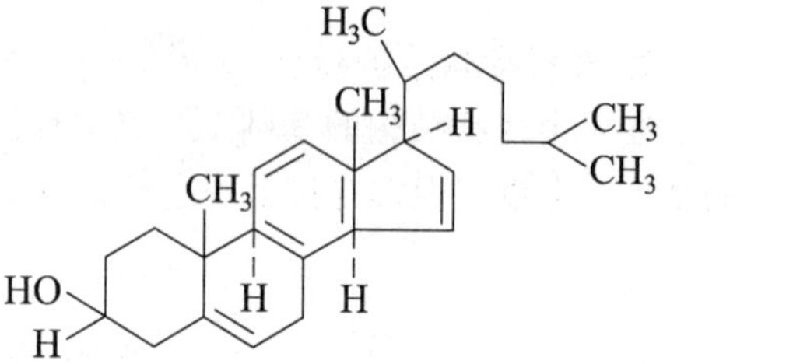

2.2.3　附加库使用

Chemwindow 6.0 提供了四个附加的图形结构库，这些库默认位置为：C：\Program files\Bio-Rad Laboratories\ChemWin\Libraries\。四个图形结构库如下。

CESymbol：提供化工符号。

LabGlass：提供化学实验室的玻璃仪器等的图形。

OtherLib 和 StrucLib：提供化学物质的结构式。

先打开库文件，选择所需图形或结构，可通过查询命令在库中寻找，通过剪贴板复制到用户的 ChemWindow 文档。对于玻璃仪器，其标准口可以自动连接。注意库中所给的蒸馏装置的温度计位置有误，可用套索选中后修改即可。

2.2.4　特殊菜单命令

对常用的菜单命令不再解释，这里仅对一些需要说明的菜单命令进行说明。

（1）File 菜单：文件管理、打印等。

默认保存为扩展名为".cwg"的文件，可用 Save As 命令将文挡存为 Standard Chemistry Format（.SCF）、MDL MolFile（.MOL）、ChemDraw（.CHM）等其他格式。

可用 Page Setup 命令更改纸张大小，以改变文档大小。

（2）Edit 菜单：包括 Undo（撤消）、Redo（重复）、Copy（拷贝）、Paste（粘贴）、Select All（全选）等命令，与其他的 Windows 应用程序相近。Join（连接）已在前面工具按钮中说明。

如打开的是库文件，可以使用 Find in Library 命令在库中查找结构或仪器。

Override Style 命令可改变当前样式默认的参数值如键长度、宽度、字体和字号等（注：不要随意改变）。样式可在 Style 工具条中改变。

（3）View 菜单：决定显示哪些工具栏，是否显示标尺和状态栏等。

（4）Arrange 菜单：包括前后位置设置（Bring to Front，Send to Back）、组（Group，Ungroup）、旋转（Rotate，Free Rotate）、放大缩小（Scale）、翻转（Flip Horizontal，Flip Vertical）和对象排列（Space Objects，Align Objects）等命令，几个命令的作用及用法如下。

Rotate（^R）：将选择的对象旋转指定角度，使用该命令时，会生成一个对话框，输入欲旋转的角度并单击 OK 确认即可。其旋转方向为逆时针方向，如欲顺时针旋转，角度值可以输入负数。

Scale（^5）：比例放缩所选择对象的大小。所有在 ChemWindow 中的对象均可以被缩放。

可用两种方法放缩，其一为使用鼠标，选择对象，将鼠标选中对象的把手远离或朝向对象拖动至目标大小（拖动时显示放缩的比例）；其二是使用用键盘，选择对象后用 Arrange。

菜单中 Scale 命令，在对话框中输入百分比确认即可。

Size：设置对象大小及位置。

Space Objects：等距排列对象；对象间的距离用点数表示。选择多个对象，使用。

Arrange 菜单中 Space Objects 命令，出现对话框，选择对象间隔的点数和排列方式，确认即可。

Align Objects：将选择的对象排成一行或列。

（5）Analytical 菜单。

Calculate Mass：计算所选择结构的分子量。选择一个结构或一个结构的一部分，选择 Calculate Mass 命令，可计算出分子量、分子式和组成百分比，按 Paste 按钮可将选中的项粘贴到 ChemWindow 的文档中。

Formular Calculater：计算分子量及不同摩尔数的分子质量。

Periodic Table：显示周期表。选择原子，其信息显示在中间窗口上，按 Edit 键可显示个各同位素参数并可进行编辑。周期表也可用于标记原子，用套索选择某结构中的一个或多个原子，从周期表中单击要选的原子，该原子就被加到结构上，相应的氢原子个数也被加上。

（6）Other 菜单

Check Chemistry：检查结构是否正确。Other 菜单中选择 Check Syntax 命令，该命令将检查文档中所有结构是否正确，如发现错误，其光标将移到错误位置；检查窗口的上部将提供错误的信息；改变错误后，Ignore 按钮将变为 Continue，单击继续检查。

Make Stick Structure：将简写结构变为结构图。

Make Labeled Structure：将结构图改为简写形式；

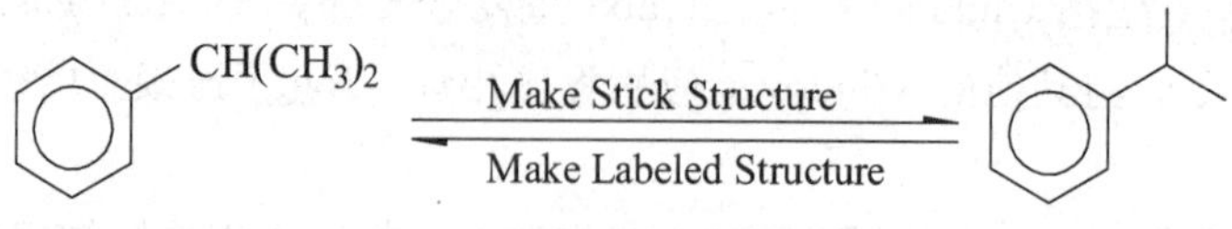

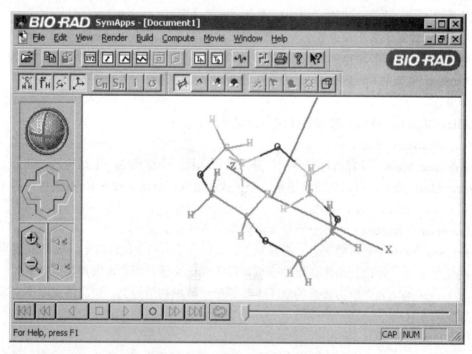

图 2-9 结构简式与结构式互换

Edit User's Chemistry：用户可根据自己需要加入基团或分子的简写，在计算分子量等操作中程序可以辨认；

Edit Hot Keys：用户可自己增加基团的热键，在刚加上一单或双键时，按热键程序可自动加入相应基团；

Symapps：对选择的分子直接打开 Symapps 程序显示三维结构。

（7）Windows 和 Help 菜单：与一般程序相同。

2.2.5　三维绘图程序 SymApps 6.0

使用该程序可以将 ChemWindow 6.0 中的分子结构显示为三维图形，可以通过计算给出键长、点群等信息，可制作分子三维旋转动画，也可以将图形拷贝至 Word 文档。下面我们简单介绍其一些主要功能。

图 2-10　SymApps 制作 3D 图形

（1）分子的输入。

可以从 ChemWindow 直接将分子拷贝至剪贴板，在 SymApps 执行粘贴命令；或选择分子，在 ChemWindow 的 Other 菜单中执行 SymApps 命令；也可以在 SymApps 程序中运行打开命令，打开各种类型的文件。一般对包含有原子坐标的分子结构文件，打开后即可显示其三维结构。对由 2D 结构产生的 3D 结构，须运行 Compute 3DStructure 命令 ，以使分子 3D 结构更为合理。

（2）3D 工具栏。

为使显示更合理，SymApps 程序提供了 3D 工具栏，可将分子进行旋转、平移、放大或缩小。其方法是将鼠标在相应工具栏内拖动。

（3）原子坐标以及分子结构参数。

用这四个工具按钮依次可显示各原子的 XYZ 坐标、分子中各键键长、键角和二面角。选择原子或其他各项会在 3D 图中明显标出。

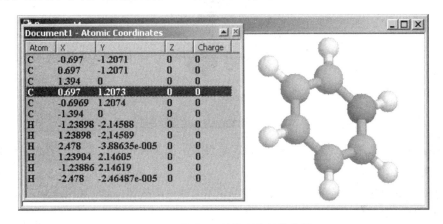

图 2-11　显示 3D 结构图的结构参数

（4）点群的判断。

按钮可计算分子所属点群。计算后可按 Cn Sn i σ 按钮显示对称元素位置。如图 2-12 为苯分子的对称元素位置。按 按钮可计算点群特征标表，如 C2 的特征标表。

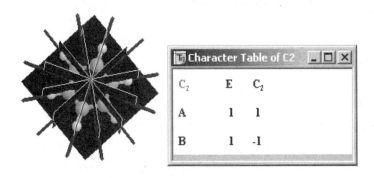

图 2-12　显示 3D 结构的点群类型

（5）3D 结构的形式。

分子的 3D 图形有 4 种类型，分别为 Frame、Stick、Ball&Stick 和 Space Fill，可依次按 按钮转换，其形式为：

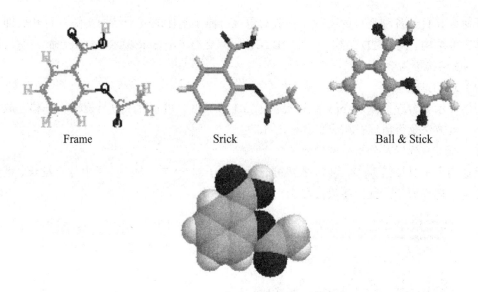

Frame　　　　　　　Srick　　　　　　Ball & Stick

Space Fill

图 2-13　3D 结构图的 4 类显示图例

对 Frame，可选择 ⬚⬚⬚⬚ 按钮确定是否显示原子标记、H 原子、键和坐标轴。

（6）光源位置等设置。

通过依次的单色、点光源、带阴影、光源位置、透视图按钮 ⬚⬚⬚⬚⬚，可使 3D 结构显示为各种光源条件下的效果。

（7）Movie。

选择 Movie 菜单中的绕轴旋转命令，可打开对话框，设定参数后可以生成一段 3D 动画，用控制按钮可放映动画，并可将其保存为 AVI 格式的文件，以便用其他程序调用。

2.3　CS ChemOffice 简介

CS ChemOffice 是一个功能强大的化学绘图及分子模拟计算程序包，一般有 Std、Pro 和 Ultra 等多种版本，其功能依次增强。软件包主要包括 ChemDraw 和 Chem3D 两个软件（这两个软件分别有 Std、Pro 和 Ultra 等多种版本），另外还有其他的，如 ChemFinder、ChemInfo、ChemDraw Plugin 与 Chem3D Plugin 等。一般我们常使用的是 2D 绘图程序 CS ChemDraw 和 3D 绘图&分子模拟程序 CS Chem3D。

2.3.1　ChemDraw 及其应用

ChemDraw 是国内外最流行、最受欢迎的化学绘图软件，它可以建立和编辑与化学有关的一切图形。例如，建立和编辑各类化学式、方程式、结构式、立体图形、对称图形、轨道等，并能对图形进行翻转、旋转、缩放、存储、复制、粘贴等多种操作。基于国际互联网技术开发的智能型数据管理系统，包含的多种化学通用数据库共四十多万个化合物的性质、结构、反应式、文献等检索条目的分析和利用，可为化学家的目标化合物设计、反应路线选择和物化性质预测以及文献的调用提供极大的方便。该软件可以运行于 Windows 平台下，使得其资料可方便地共享于各软件之间。除了以上所述的一般功能外，其 ultra 版本还可以预测分子的常见物理化学性质如：熔点、生成热等；对结构按 IUPAC 原则命名；预测 ^{1}H 及 ^{13}C 化学位移等。

2.3.1.1 工作环境

ChemDraw 的工作环境类似 Office 的多文档界面，主要包括以下几个部分。

（1）菜单栏：含有操作 chemdraw 应用文件和内容的命令设置。

（2）工具栏：含有常用命令图标，单击图标时，效果与选择菜单中相应的命令一样。

（3）编辑区：供绘制图形结构的工作区。

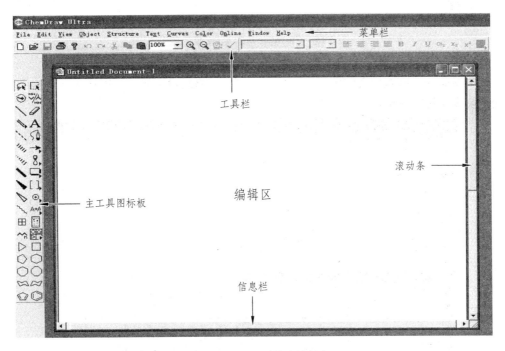

图 2-14　ChemDraw 的主编辑窗口

（4）滚动栏：含有滚动框、滚动按钮和滚动条。

（5）状态栏：标出当前的工作内容以及鼠标指到某些菜单按钮时的说明。

① 菜单栏。

菜单栏共有 11 个下拉菜单，每一个下拉菜单中都包括相应的命令。其中如果相应的命令前有√，则该条命令已经被执行；若命令后有小三角表示该指示条有子菜单；指示条灰色表示该命令未激活。

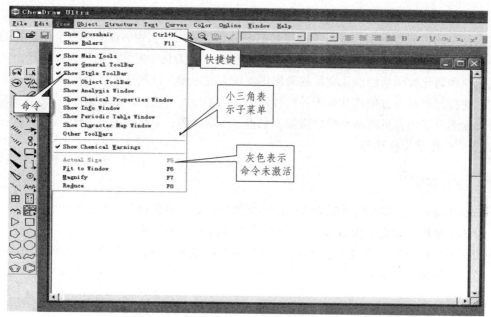

图 2-15　ChemDraw 的 View 菜单内容

a. "File" 菜单命令。

该菜单命令下可执行文件的建立，保存，打印，格式设置等。如图所示，可将所画结构式转换成不同期刊杂志要求格式。

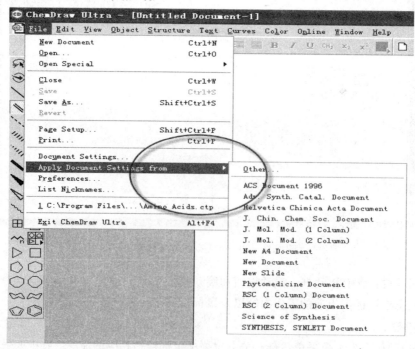

图 2-16　将文档按不同杂志格式要求设置

b. 文件命令对话框。

执行该操作，可对所作结构式大小，颜色等基本属性进行设定。

图 2-17　文件基本属性设置面板

② 图形工具栏。

图形工具板含有所有能够在文件窗口绘制结构图形的工具，选择了这些工具的图标后，光标将随之改变成为相应的工具形状。工具板见图 2-18。选择工具时，一次只能选择一个。在图标右下角有小黑三角工具图标里，含有进一步的子工具图标板。用鼠标按下含三角的图标时，子工具图标将显示出来。工具板上的工具如下：

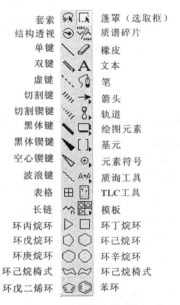

套索		蓬罩（选取框）
结构透视		质谱碎片
单键		橡皮
双键		文本
虚键		笔
切割键		箭头
切割锲键		轨道
黑体键		绘图元素
黑体锲键		基元
空心锲键		元素符号
波浪键		质询工具
表格		TLC工具
长链		模板
环丙烷环		环丁烷环
环戊烷环		环己烷环
环庚烷环		环辛烷环
环己烷椅式		环己烷椅式
环戊二烯环		苯环

图 2-18　工具箱上的模板图标注释

主工具图标版包含以下工具。

键工具：用于绘制单、双和三键。

箭头工具：用于绘制各种箭头。

轨道工具：用于绘制各种轨道。

画图工具：用于绘制常见几何形状。

基元工具：用于绘制化学中常用符号。

符号工具：用于绘制各种重要化学符号。

反应查询：用于建立原子间在不同结构中的联系。

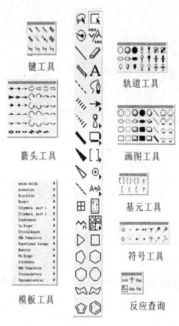

图 2-19　主工具箱上一些工具的子模板

模板工具：用于绘制模板库存的图形和结构。点击模板工具栏按钮下面的右指三角箭头，单击该按钮，不松开，就可以弹出模板信息，众多画图的起点。目前一共可以提供 17 种模板，包括氨基酸、复杂环状有机物、有机生物分子、反应装置、特殊构型有机分子等。

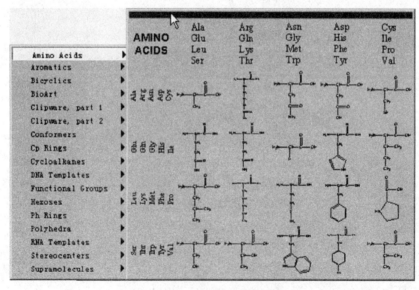

图 2-20　各类结构绘图模板

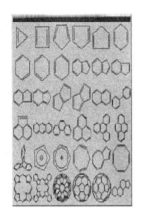 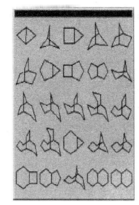 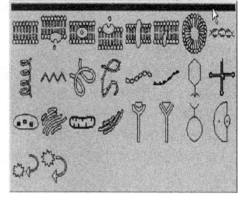

图 2-21 芳香族模板（左）-双环模板（中）-生物艺术模板（右）

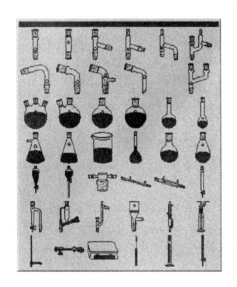 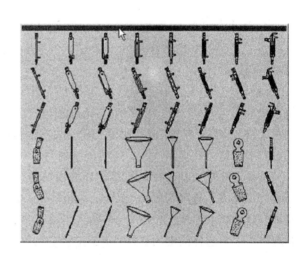

图 2-22 化学玻璃仪器模板

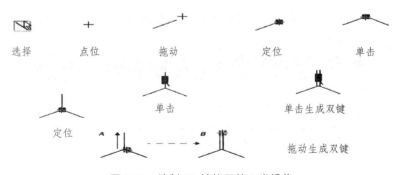

图 2-23 绘制 2D 结构图的 9 类操作

2.3.1.2 绘制与编辑典型化学物质结构式

1. 键工具

主工具图标板上提供了九个键操作的命令，其中双键命令板中的子菜单中还包括 12 个键命令（见图 2-22）。利用键工具进行结构绘制操作的基本操作：首先在命令面板中选取键命令，绘制的基本操作是"点位""拖动"和"点击"。

绘制分子结构的基本操作。

① 键的产生：点位后，向某个方向拖动可以产生；直接单击，产生所选择类型的化学键，连续点击两键相连默认角度为 120 度；点位位于一键的起点（显示小蓝块），沿键拖动会产生重键；点位于键中间，单击同样可以产生重键。

② 元素符号的输入：点击工具栏中文本输入符号"A"，点位位于输入符号位置（显示小蓝块），然后输入相应元素符号或者官能团。

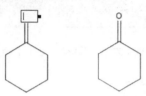

2. 环工具

主工具面板中提供了 10 种环工具命令，其中在模板命令中还有芳香化合物模板和双环模板可以绘制环状化合物。

面板中选取相应的环命令后，直接在绘制区点击可产生相应的环。点住鼠标左键不放，拖动鼠标可以对环的大小，放置的角度进行自由改变。环己烷的椅式构型直接点击为水平放置，按 Shift 键点击可由水平变为垂直。在面板中任选一环命令，按 Ctrl 键点击，可以在环中产生不定域共轭圈。

选择键命令或环命令，直接在环的任何一个节点处点击或拖动可以实现键的连接或环与环的点连接。选择环的一个节点，按住鼠标左键，从一个节点拖至另一个节点，可以实现环与环的双点连接。元素符号的输入与目标参数的设置与键操作类似，同样在"Structure"菜单中可以对选择的键的属性进行设定。

3. 链工具

选取长链工具，在需要进行的连接原子或环上点击或拖动可产生链；同时弹出链长对话框，可以选择增长链的长度。

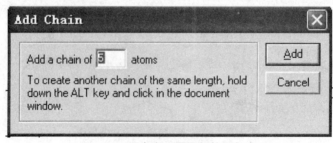

图 2-24　用户定义要添加的链长度

2.3.1.3　绘制实验装置

利用实验仪器模板工具 1 和实验仪器模板工具 2 进行实验装置的绘制，在模板中选择所需的实验仪器，单击产生相应的玻璃仪器。玻璃仪器连接处为阴影。通过旋转选择框改变角度和大小进行玻璃仪器的连接。示范图例见图 2-25。

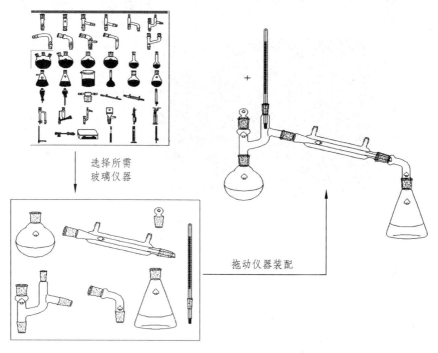

图 2-25　用化学仪器模板绘制和组装成套仪器

2.3.2　CS chem3D 模块

Chem3D 是与 ChemDraw 配合使用的软件，主要是为了打开三维结构，再使用各种量子化学软件计算和预测该结构的各种性质。提供了三维分子结构的显示、计算功能，并附带了分子力学 MM2 程序、半经验量子化学程序 MOPAC2000，提供了 Gaussian 94/98 的接口和 Gamess 接口。是一个非常好的微机版分子 3D 显示&分子模拟程序。除一般显示分子的 3D 模型外，还可以通过 Gaussian 94/98，计算并显示分子的静电势、分子轨道等 3D 结构。是 Gaussian 的良好辅助软件。CS chem3D 主界面如图 2-26 所示。

2.3.2.1　3D 模型绘制与编辑

建立 3D 模型的方法主要有：利用键工具建立、利用文本工具建立、使用子结构建立以及使用模板建立。模型图类型则主要包括线状模型、棒状模型、球棍模型、圆柱键模型、比例模型。

（1）利用键工具建立模型。

将鼠标移动至模型窗口，按住鼠标左键拖出一条直线，放开鼠标即成乙烷的立体模型；将鼠标移至 C（1）原子上，向外拖出一条直线，放开鼠标即成丙烷立体模型；将鼠标移至 C（2）原子上，向外拖出一条直线，放开鼠标即成丁烷立体模型。

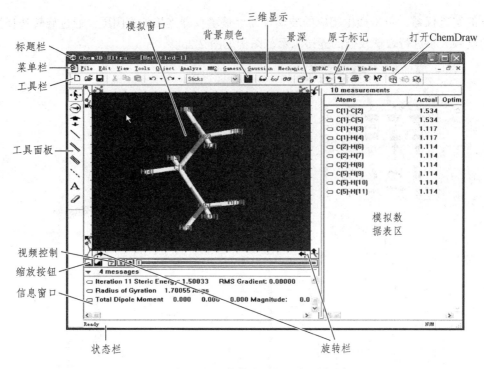

图 2-26　Chem3D 编辑窗口的主界面及功能

（2）利用文本工具建立模型。

单击工具栏文本工具按钮将鼠标移至模型窗口，单击鼠标出现文本输入框，在输入框中输入 "C4H10"，按回车键，Chem3D 自动将输入的分子式变成丁烷 3D 模型，若化合物带有支链，可将支链用括号括起来。（注意：CH 必须为大写）。然后使用 Analyze 菜单的 Extended Huckel Surfaces 功能，再使用 View 菜单的 Molecular Orbitals（显示各种分子轨道），出现对话框后可以选择显示 HOMO 还是 LUMO，根据参数的不同产生的轨道形状不同，还可以选择不同的表面显示效果。

（3）使用子结构建立模型。

Chem3D 提供了子结构库，我们可以选择其中的子结构，然后将他们拼装起来，组成复杂结构。通过 View/Parameter Table / Substructure 的菜单命令，弹出 Substructure 窗口。单击工具栏上的复制按钮，复制该结构在 3D 模型窗口中，单击粘贴按钮，将子结构粘贴至窗口，使用轨迹球按钮使其处于正面结构，通过 Structure / Reflect Model / Invert Through Origin 将图形置于与原来呈镜面对称的位置再次单击粘贴按钮，在窗口中就复制了两个苯环单击工具栏中的虚键按钮，将两个苯环连接起来，即可得所要建立的 3D 模型。

（4）使用模板建立模型。

执行 File/Sample Files/Nano/Buckminsterfullerene-C60 命令，出现 C60 的 3D 模型。还可以在此基础上修改模型，例如可以接上一些官能团。

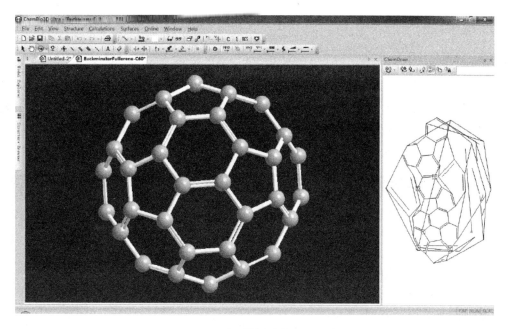

图 2-27　调用模板绘制 3D 图形

利用 ChemDraw 结构式转化为 3D 模型是目前应用比较多的一种建模方式。选中结构式，复制到 3D 窗口中，自动转变成 3D 模型。或者可以在 3D 窗口中执行"File/Open"菜单命令，在"文件类型"窗口中选中"ChemDraw（ *.cdx，*.chm ）"类型，单击"打开"按钮打开文件。选中 3D 模型，执行"Edit/Copy As/chemDraw Structure"菜单命令，复制该模型粘贴到 ChemDraw 窗口中。则 3D 模型又可以转换为平面结构式。

2.3.2.2　整理结构与简单优化

执行"Edit/Select All"菜单命令，将模型全部选中；执行"Tools/Clean Up Structure"菜单命令，整理结构；执行"MM2/Minimize"菜单命令，弹出"Minimize Energy"对话框，单击 RUN 按钮开始对模型进行优化，最终给出能量最低状态。

2.3.3　Chem Finder 模块

化学信息搜寻整合系统，可以建立化学数据库、储存及搜索，或与 ChemDraw、Chem3D联合使用，也可以使用现成的化学数据库。ChemFinder 是一个智能型的快速化学搜寻引擎，所提供的 ChemInfo 是目前世界上最丰富的数据库之一，包含 ChemACX、ChemINDEX、ChemRXN、ChemMSDX 等，并不断有新的数据库加入。该程序可以从本机、网络、服务器中搜索 Word、ChemDraw、ISIS、Excel 等格式的分子结构文件。还可以与微软的 Excel结合，可连结的关连式数据库包括 Oracle 及 Access，输入的格式包括 ChemDraw、MDL ISIS SD 及 RD 文件。ChemFinder 自带多个数据库，其数据库文件扩展名为"sfw"，这些数据库默认存放在 C：\Program Files\CambridgeSoft\ChemOffice 2008\ChemFinder\Samples 文件下。根据不同需求，可通过结构式检索、分子式检索、化学名称检索、相对分子质量检索，或者可直接使用化学反应数据库以及查找免费网络资源。下面将分别介绍几种检索方法。

2.3.3.1 根据结构式检索

执行"开始/程序/ChemOffice/Chem Finder Ultra 11.0"命令，启动 ChemFinder 首先打开的是"ChemFinder"对话框，包含三个选项卡，单击"取消"在左侧 Expelor 窗口中最下端选择"Favorites"，出现"Favorites"文件夹，点击该文件夹双击选中"CS_DEMO.CFX"数据库，即打开该数据库。

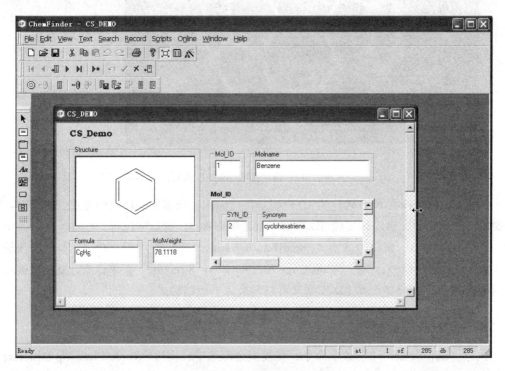

图 2-28　结构式检索窗口

在"Structure"输入框中已经有了一个苯环结构，这是该数据库的一个结构，"Formula"显示其分子式为"C6H6"，"MolWeight"显示其分子量为"78.1118"，"Molname"显示的是其英文文件名称"Benzene"，"Synonyms"显示苯的所有别名。单击"Enter Query"清空各窗口双击"Structure"窗口，出现 ChemDraw 绘制分子式的工具栏"Tools"。用 ChemDraw 的"Tools"工具绘制环丁烷，单击"Find"按钮查找。双击"Structure"即可编辑相应的化学结构式，输入结构式以后，可通过界面得到化合物的相关信息。

2.3.3.2 根据分子式检索

如图 2-29、2-30 所示，当已知化合物分子式，想得到化合物结构信息时，可借助此功能来实现。具体操作如下图所示，在标签"Formula"处输入化合物分子式，按回车键，即可得到与输入分子式相关的结构选项，可单击 ▶ 逐项查看。单击"Switch to Table"按钮，显示窗口变成列表。

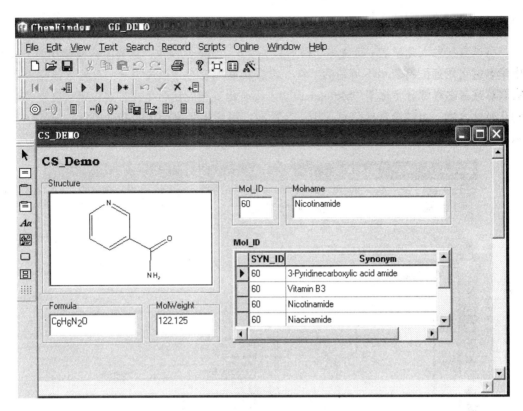

图 2-29　分子式检索结构式窗口

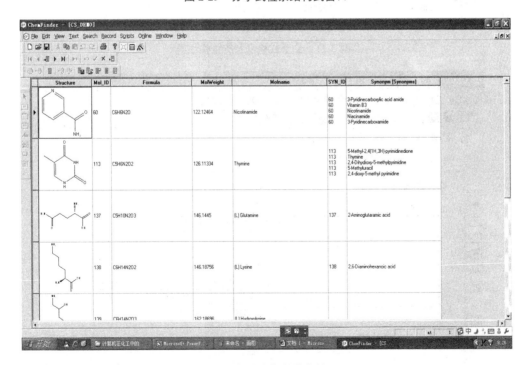

图 2-30　结构信息检索结果

2.3.3.3 根据化学名称检索

可以直接输入化学名（英文名）检索相关资料。Chem Finder 具有模糊检索功能，检索化学名时可用通配符表示不清楚的字符。以查找尼古丁的分子式为例：可输入该化合物准确名称或者名称部分字母于"Molname"处，即可得到相应化合物或者名称里包含该关键词的几种化合物。再结合其他信息，则可帮助我们得到想要化合物的准确信息。如下例子所示，当输入"Nico"时，一共可得到 14 项相关信息。进行逐项查看，可找到尼古丁分子。

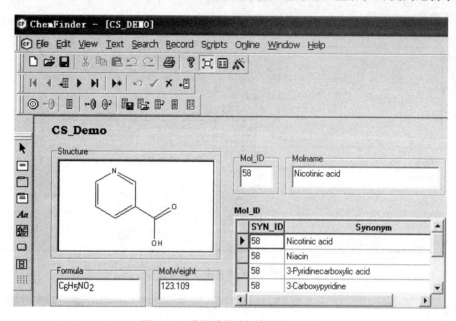

图 2-31　分子式检索到的结构性质

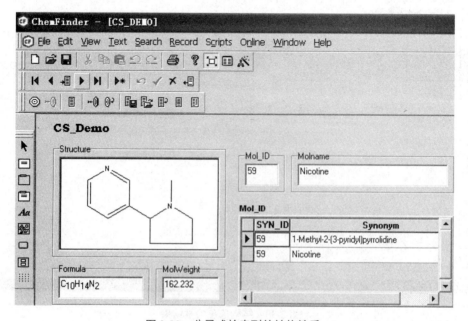

图 2-32　分子式检索到的结构性质

2.3.3.4 使用化学反应数据库

打开 Chem Finder 界面，执行"File/Open"菜单命令，弹出"Open"对话框，查找到化学反应数据库"ISICCsm"，单击选中，单击"打开"按钮出现主界面。再输入查询反应结构式的起始原料或者产物，即可得到该反应的相关信息。

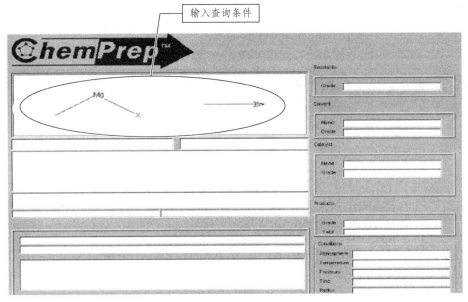

图 2-33　从 ISICCsm 查询化学反应数据-输入条件

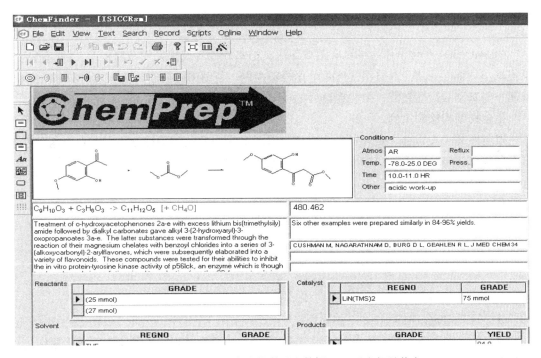

图 2-34　从 ISICCsm 查询化学反应数据-显示反应相关信息

2.3.3.5 查找免费网络资源

ChemFinder 菜单栏上有一个 "Online" 菜单，可以在线查找化学信息；该网址提供了大量的化学信息。

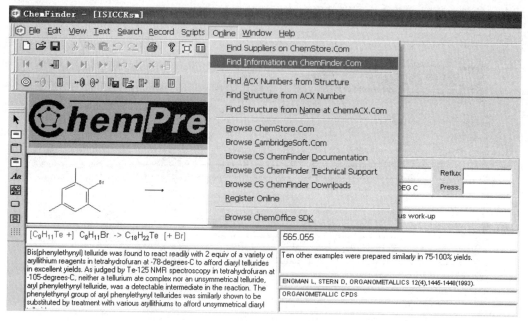

图 2-35　通过 "Onling" 联网查看化合物信息

2.3.4　实例指导

ChemOffice 在化学作图中具有重要作用，但是软件各块涉及的功能较多，前面的内容里很难一一详尽介绍。本节将挑选几个化合物为例，帮助读者巩固其基本术语和基础知识，掌握一些基础的绘图技能，便于在以后的学习中举一反三，运用自如。

化合物结构绘制实例

阿司匹林（Aspirin）也叫乙酰水杨酸，是一种历史悠久的解热镇痛药。白色结晶性粉末，136 ~ 140 °C，一般由水杨酸和酸酐酰化制得，其结构式如下：

1. 绘图

（1）打开 ChemDraw。

（2）单击垂直工具栏右下角的 图标，鼠标变成苯环的样子，在绘图区单击鼠标出现一个苯环。

（3）单击 图标，将鼠标移至苯环的一个角上，出现深色的正方形连接点。

（4）自连接点横向拉出一根实线单键，松开鼠标，自单键终点向右下方再次拉出一根单键，与前一根单键夹角约为 109°，其余类推。

（5）选中垂直工具栏中的 **A** 文本工具，分别将鼠标移至应该出现羟基或氧原子的位置，待出现连接点后，点击键盘上的 O 键。即可得图 2-36 所示图形。

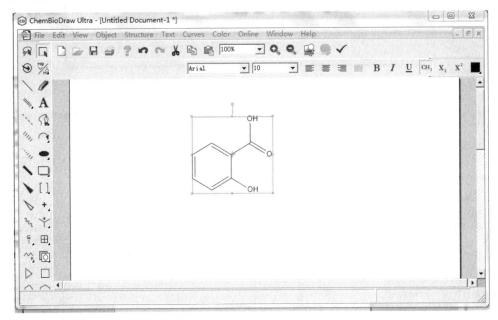

图 2-36　在结构图上添加字符基团

2. 图形结构调整优化

（1）修正结构。

手工绘制时，化学键键角难以精确掌握，且拖拉化学键或连接点过程中难免造成键的变化和图形的扭曲，因此需要对图形进行整理。ChemDraw 自带功能可以为我们提供精确和高效的方法。单击 按钮选中所化结构阿司匹林，执行"Structure/Clean Up Structure"菜单命令，整理图形，即可到得到优化后的阿司匹林结构式。有时一次整理操作不一定能将结构式调整至最佳状态，因此该命令可多执行几次，直到结构式的形状不在变化为止。

（2）图形的旋转和缩放。

画好的图形也可以旋转和缩放。用选取框和套索中图形，即可整个分子旋转或者缩放。

（3）检查结构错误。

ChemDraw 可以检查绘制的结构式是否有问题。选中结构式以后，执行"Structure/Check Structure"菜单命令，ChemDraw 就会将一个红色方框罩在有问题的原子或官能团上，便于用户检查。

3. 根据化合物名称得到结构式

执行"Structure/Convert Name to Structure"，弹出对话框在输入框中输入化合物的英文名，点击 OK 即可出现结构式。

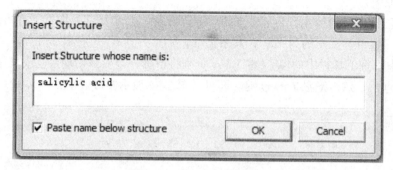

图 2-37　输入化合物名称

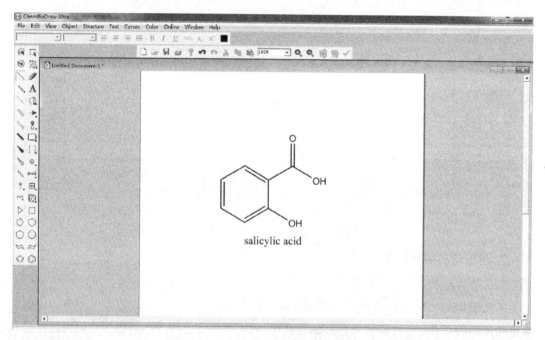

图 2-38　系统生成与名称对应的结构图

4. 根据结构式得到化合物相关信息

（1）结构式的名称。

如果我们确定了化合物的结构，想知道其系统命名，可以借助 ChemDraw 帮忙得到正确的化合物名称。其方法如下，以肾上腺素为例，先绘制其结构式，执行 "Structure/Convert Structure to Name" 菜单命令，即可在结构式下面显示系统命名。

（2）ChemDraw 可以对化合物结构进行分析计算。

选中化合物结构式，执行 "View/Show Analysis Window" 命令，弹出分析窗口，包含该化合物的分子简式、摩尔质量、同位素分布图，元素分析组成比例等数据。执行 "View/Show Chemical Properties Window" 命令，弹出化学性质窗口，包含该化合物的沸点、熔点、临界温度、临界压力、临街体积、Gibbs 自由能、LogP、MR、Herry's Law、生成热、ClogP、CMR 等。

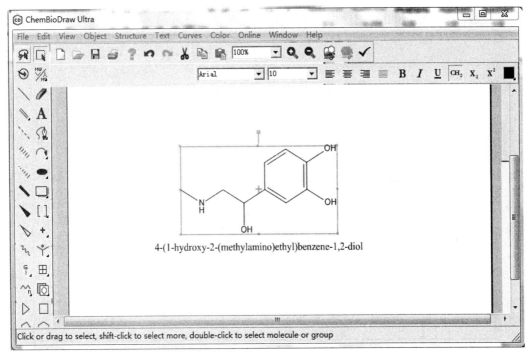

图 2-39　根据结构显示系统命名

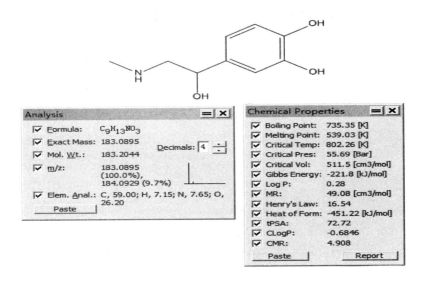

图 2-40　显示指定结构的化合物性质

（3）ChemDraw 可以根据结构式预测分子的 ^{1}H 和 ^{13}C 核磁共振化学位移。

选中此结构，"Structure/Predict 1H-NMR-Shifts"，出现该化合物的 ^{1}H 核磁共振化学位移值及图谱，如下图，同理可得 ^{13}C 谱图。

ChemNMR ^{1}H Estimation

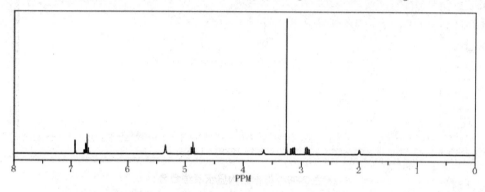

Estimation quality is indicated by color: good, medium, rough

图 2-41 预测指定结构的化学位移显示核磁共振谱

3 Origin 在化学化工中的应用

3.1 概 述

3.1.1 Origin 简介

Origin 是由美国 OriginLab 公司推出的数据分析和制图软件，它具有界面友好、易学易用、操作简单、功能强大，能满足各类作图和数据分析的要求，被广泛地应用于物理、化学、生物、材料、地理、天文、医学等学科和领域中，是国内外享有盛名的作图软件。Origin 的支持平台为 Windows 系统，它分为两个版本，一个为普通版（Origin），另一个为专业版（Origin Pro），对于一般用户而言，普通版已经能够满足作图和分析要求，专业版增加了一些数学处理模块，如果有更高级、更复杂的数据处理要求，可以使用专业版。对一般的作图与数据分析而言，专业版和普通版的处理效果是相同的。

目前，最新的版本为 Origin 2015，国内广泛应用的版本有 Origin 7.5 和 Origin 8.0/8.5，更高版本在功能上有一些新的扩充，结构设计也有一些变化，软件容量也会更大。对于一般用户，使用 Origin 7.5 和 Origin 8.0 都完全能够满足作图需要，不必追求更新、更大的版本。

Origin 7.5 和 Origin 8.0 的软件界面如图 3-1 和 3-2 所示。

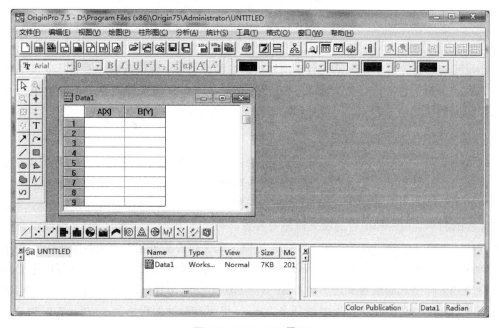

图 3-1 Origin 7.5 界面

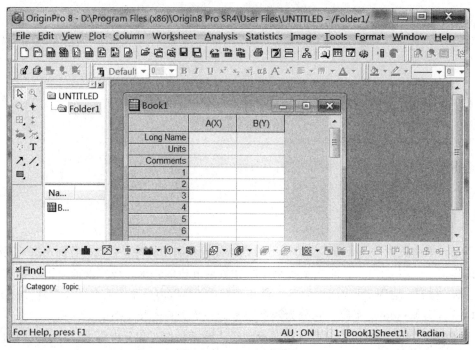

图 3-2　Origin 8.0 界面

3.1.2　Origin 的常用功能

1. 作图

Origin 的绘图是基于模板的，Origin 本身提供了几十种二维和三维绘图模板而且允许用户自己定制模板。绘图时，只要选择所需要的模板就行。用户可以自定义数学函数、图形样式和绘图模板。

2. 数据分析

Origin 的数据分析主要包括统计、信号处理、图像处理、峰值分析、傅立叶变换等各种完善的数学分析功能。准备好数据后，进行数据分析时，只需选择所要分析的数据，然后再选择相应的菜单命令即可。

3. 函数拟合

Origin 根据导入或输入的实验数据制作曲线，还可以根据用户的选择，采用不同的数学处理方法进行曲线拟合，得到能近似反映曲线变化规律的数学方程，即拟合函数。化学中最常用的是线性拟合，即通过一组 x 和 y ——对应的数据，自动拟合成直线，同时，给出直线方程的斜率、截距和拟合的最大误差等参数。非线性变化曲线则可以用 S 曲线拟合、多项式拟合、自定义函数拟合等方法。在化工过程、化学动力学研究中常常涉及非线性拟合。

Origin 可以导入包括 ASCII、Excel、pClamp 在内的多种数据。另外，它可以把 Origin 图形输出到多种格式的图像文件，譬如 JPEG、GIF、EPS、TIFF 等等。Origin 也支持编程，可以拓展 Origin 的功能和执行批处理任务。Origin 里面有两种编程语言——LabTalk 和 Origin C。在 Origin 的原有基础上，用户可以通过编写 X-Function 来建立自己需要的特殊工具。

X-Function 可以调用 Origin C 和 NAG 函数，而且可以很容易地生成交互界面。用户可以定制自己的菜单和命令按钮，把 X-Function 放到菜单和工具栏上，以后就可以非常方便地使用自己的定制工具（注：X-Function 是从 8.0 版本开始支持的。之前版本的 Origin 主要通过 Add-On Modules 来扩展 Origin 的功能）。

Origin 可以同各种数据库软件、办公软件、图像处理软件等方便的联系，制作的图形可以直接拷贝到 Word、PPT、Excel 中。

3.2　Origin 的基本操作

3.2.1　菜单与工具栏

Origin 的菜单栏和工具栏与 word 界面上的布局非常相似。

1. 菜单栏

Origin 的菜单栏包括的栏目见图 3-1（共 11 项）。常用菜单中的条目见图 3-3。

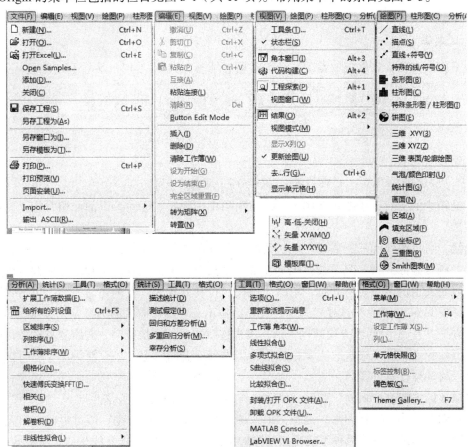

图 3-3　Origin 7.5 常用菜单的条目

Origin 8.0 的菜单栏与 7.5 版相似，新增了表格（Worksheet）和图像（Image）两项。

上面的菜单栏是在表格状态下，如果呈现的是图形状态，则上面的菜单栏会随之变化，菜单"柱形图"和"统计"变为"图表"和"数据"两项，其余不变，见图3-4。

图3-4 图形界面自动修改二项菜单

2. 工具栏

菜单栏下面的图标按钮即为工具栏上的工具，常用图标解释见图3-5。

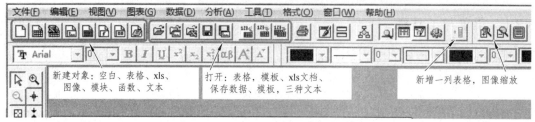

图3-5 工具栏中常用按钮的作用

3. 工具箱

为了作图方便，软件中放置了一个工具箱。见图3-6（已顺时针旋转90 ℃）。

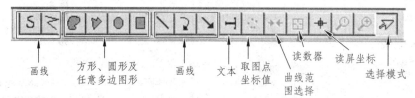

图3-6 工具箱中常用工具的作用

工具箱中的工具，主要用于图形、曲线窗口中的编辑、标注。下面介绍常用工具的作用和用法。

画线：可以折线和任意曲线。画折线时，鼠标单击为下一折线的起点，双击则结束折线绘制。画任意曲线时，只要按住鼠标左键任意拉动，鼠标轨迹就是画出的曲线，画出的曲线可以是光滑的也可以有转折，取决于鼠标的拉动的轨迹。在画完的曲线上单击（默认回到选择模式下），或者在选择模式下按住左键拉出一个罩住曲线的选择方框，曲线即可被选择，方框共有 8 个黑色方块的操作柄，按住连线中间的方块拉动，曲线变形；按住方框四角的方块拉动，曲线缩放；当鼠标位于方框内部任意曲线上，呈双箭头十字形时拉动，曲线可以移动到任意位置。

对插入的图形进行缩放、变形、移动操作，与第三章介绍的方法相同。

充色图形：共有四种图形，选择方形或圆形图，按住左键拉动，即可形成一个充色的圆或椭圆或方形图。另外两种不规则充色图的画法，与画折线、任意线相似，所不同的是：线的起点总是与终点相连，所以才形成了闭合曲线。画充色图形时，除折线图单击为转折，双击为结束外，其他三种图形都是"一气呵成"，按住鼠标左键画线，松开鼠标左键则图形形成。图形默认状态下有填充色，选择图形后，双击即可进入图形设置窗口，主要有"边框类型""填充图案"等设置，边框可以设置线的类型、粗细、颜色；填充图案，包括颜色、花纹类型。也可以设置成透明图形，即只有边框的图形，其他设置还有图形位置，层次等。

画线：包括箭头、曲线箭头和直线。曲线箭头的画法与三折线画法类似，若鼠标移动位置单击三次后，立即形成一条带箭头的曲线。单击曲线任意位置，曲线被选中，再单击曲线，会在曲线一侧形成一个带圈的十字，鼠标移动到四个顶角，鼠标变带箭头的弧线，按住左键，移动鼠标，图形可以旋转。在曲线一侧形成一个带圈的十字时，再单击曲线任意位置，曲线四周由 8 个向下的箭头围成一个方形，左右边框的中位箭头可以用鼠标按住上下移动，改变曲线形状；上下边框的中位箭头可以用鼠标按住左右移动，改变曲线形状；四角上的箭头可以斜向移动，也能改变曲线形状。同类调节的图形选中状态见图 3-7。

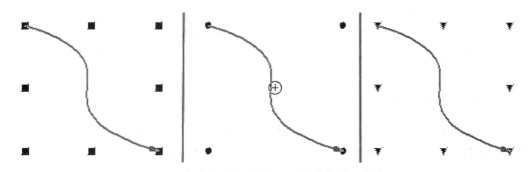

图 3-7　任意曲线（或带箭头）被选择的三种情况

曲线的类型、粗细、颜色的修改方法：选择曲线，点工具栏上的图标 ，图标依次为颜色、线型、粗细。

文本工具 T：按下"T"图标后，可以在图形或表格中添加文本框，文本框的字体、字号、颜色等设置与 word 中的设置相似。

以上工具既可在表格中添加，也可以在图形中添加。下面的工具只能在图形窗口下使用。

取图点坐标值：它可以在拍摄或扫描得到的图片中，逐点地取得位点坐标，并记录在一个表格中。以后可以用生成的表格数据来作图，获得比较清爽的曲线。这种处理方法称为"图形数字化"。针对某些只能提供打印图，不提供数据文本文件的分析仪器，用这种方法可以将打印图形转换成数字图形，方便插入论文。操作：按下此按钮，移动鼠标到图片上的曲线上某点，双击，读取的坐标数据即被记录到自动生成的一张 Worksheet 中，逐点操作，曲线点越稠密，数字化曲线就越精致。最后将表格保存或生成电子曲线即可。

曲线范围选择：它可以在曲线上设定起点和终点位置。按下选择图标，再移动鼠标到曲线上确定的起点位置单击，在曲线的两端就生成了两对小箭头。按住一端的箭头可以在曲线上左右移动位置，改变选择的范围大小和坐标位置。曲线范围选择的应用，主要是对曲线进行后续的处理提供处理范围。例如，后面将会介绍曲线平滑和拣峰，就要用到这个功能。因为待平滑的曲线只是很小一段范围，不能在全部分曲线中进行平滑。拣峰即找到曲线上的波峰和波谷，在紫外光谱曲线中，接近 200 nm 处，有时会出现很多"毛刺"尖峰，尤其在浓度大的情况下，这种毛刺现象愈加明显，这时拣峰就应该避开这些毫无意义的尖峰。可以通过范围选择来回避它们。

读数器：读取曲线上的坐标数据（x，y），按下工具图标，鼠标移动到曲线上单击，会弹出一个含 x 值和 y 值的显示框。曲线之外此工具无效，图片曲线也无效。

屏幕读数器：它可以读取屏幕中任意位置的坐标数据。此工具也可以在表格窗口中使用，不过意义不大。

后面的两个放大镜图标是图形缩放工具。箭头图标是选择工具，默认情况下，作为首先工具，要选择图形，缩放、移动、变形、旋转等，都需要在此状态下。

温馨提示：当用户将鼠标移动到工具栏或工具箱上的某个图标上时（不按下），在窗口的底部都会显示出该工具的操作方法（英文提示）。

在表格栏的底部，有一排绘图工具。选择表格中的数据后，只要单击底部的某图标，就会自动生成对应类型的图形。绘图也可以从菜单"绘图"中进入选择相关的条目。

工具栏中还包括角标、希腊字母、缩放、字体、字号、颜色等文字编辑相关的工具；工具栏右侧有一组灰色坐标工具，它们主要用于各种坐标类型的作图选择，需要从工具栏的"绘图/模板库"中进入，选择了多坐标模板后，这些工具按钮就可以操作了。

3.2.2　输入和导入数据

Origin7.5/8.0 的表格与 Excel 的表格相似。Origin8.0 及更高版本的表格头可以增加长文件名、单位、注释、缩略图等内容。输入和导入数据方式也相近，但也有区别。输入和导入数据的方法如下：

1. 直接输入

Origin8.0 应该从第 1 行开始输入数据，以上的行为非数据行。

2. 直接粘贴 Word、Excel 中的数据

3. 直接打开 Excel 的数据表格

在打开文件的图标群中，点工具栏上有"x"标识的图标，可以直接打开 xls 文件。对于 Origin7.5 版本，打开时系统会弹出一个窗口，询问是以 Excel 格式呈现，还是数据转入 Origin 格式的表格中，见图 3-8。

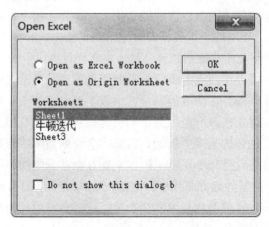

图 3-8　打开 xls 文件的方式

而在 Origin8.0 中，系统打升以 Excel 格式呈现，并含有 Excel 的编辑窗口。如果使打开的 Excel 文件的数据转入 Origin 格式的表格中，应该以数据导入的方式打开文件。

4. 导入数据

可以导入多种格式的数据文件，包括 xls、xlsx、txt 文件。

Excel 数据文件用导入法可以直接转入 Origin8.0 表格中，导入前还可以进行一些设置。点菜单栏 "File/Import/Excel（xls，xlsx）"，弹出打开文件的窗口（图 3-9）。注意，可以一次打开多个文件，找到文件并选中后，应点击 "Add File（s）" 按钮，下面的文件清单窗口显示已经选中的文件。只有添加到选项框里，"OK" 键才能按下，否则为灰色，无效。

图 3-9　选择和添加 Excel 文件

当按下 "OK" 键后，还会弹出一个设置窗口，注意看线框中的设置，见图 3-10。

这样，数据即被导入到 Origin 表格中了，导入数据的默认表格不含注释行、文件名行等，即使原来将 Excel 中的第 1 行作为列标题行，导入到 Origin 表格中后，标题行也会从第 1 数据行开始，见图 3-11。

对于文本型数据（.txt 文件），导入方法与 Excel 文件导入相同，请点 "File/Import/Single ASCII" 但不会弹出文件选项，直接将数据嵌入到 Origin 表格中（见图 3-12），如果数据之间是以制表符分隔，系统会自动分列，生成的 Origin 数据表是规范的。见图 3-13 的表格 A0403.txt，在第二章的 Excel 导入数据的介绍中已经列举过。它是紫外光谱分析的动力学曲线，横坐标为时间，文本中的时间被记录为 "h：m：s"，以 "小时：分钟：秒" 格式记录。在 Excel 中，系统有一项自定义分隔符的设置，第二章曾经介绍过，将 "：" 也作为分列的分隔符，所以，导入 Excel 表格中后，形成了四列数据（时，分，秒，吸光度），便于后续的时间归并。而在 Origin 中选 "File/Import/Single ASCII" 时，导入的数据只有两列，时间列的数据很混乱，见图 3-12。遇到这种需自定义分隔符的数据文本文件，应该选择“File/Import/Multiple ASCII”，随后，系统会弹出设置窗口，用户在窗口中添加分隔符“:”即可（见图 3-13 中画框的部分）。

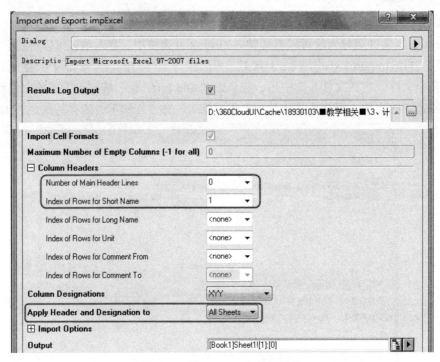

图 3-10　导入 Excel 文件的设置

	pKsp(X)	38.6(Y)	C(Y)	M(Y)	pM(Y)	pH(Y)
Long Name						
Units						
Comments						
1	x=	3		1	0	1.13333
2		Fe(OH)3		0.63096	0.2	1.2
3	指定pH	计算PM		0.39811	0.4	1.26667
4	pH=	3		0.25119	0.6	1.33333
5	pM=	5.6		0.15849	0.8	1.4
6	[Mx+]=	2.51189E-6		0.1	1	1.46667
7	指定pM，	计算pH值		0.0631	1.2	1.53333
8	[Mx+]=	1E-5		0.03981	1.4	1.6
9	pM=	5		0.02512	1.6	1.66667
10	pH=	2.8		0.01585	1.8	1.73333
11				0.01	2	1.8
12				0.00631	2.2	1.86667
13				0.00398	2.4	1.93333
14				0.00251	2.6	2
15				0.00158	2.8	2.06667
16				1E-3	3	2.13333
17				########	3.2	2.2
18				########	3.4	2.26667

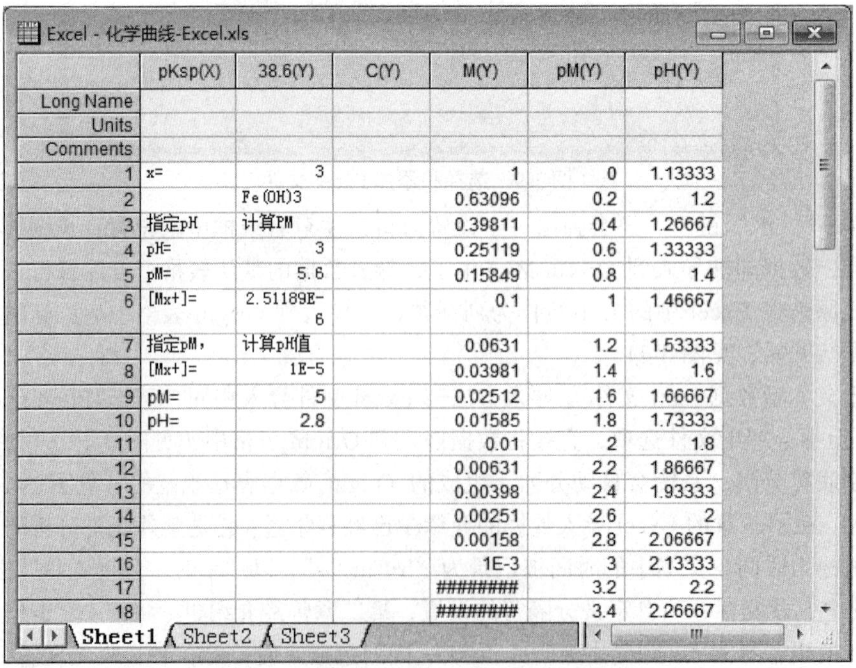

图 3-11　Excel 数据嵌入 Origin 表格中的情况

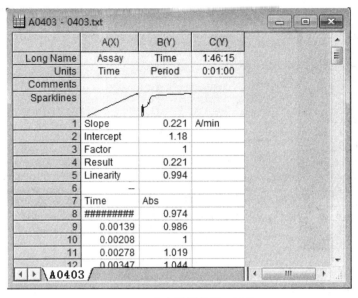

图 3-12 文本数据的导入结果

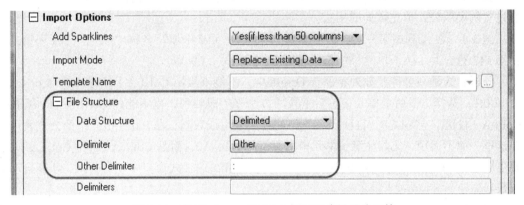

图 3-13 在 File/Import/Multiple ASCII 中设置分隔符

经过以上设置，生成的表格就会将时间拆分成 2 列（时和分，未出现秒列，可能是秒列的数据均为 00，便被系统摒弃了），方便小时和分钟的合并操作。

5. 自动生成序号

如果要在 A 列的 1-20 行中填写序号 1、2……20，可以用鼠标左键按住 A 列第一行的单元格（该单元格名称为 Col（A）[1]，其中，Col（A）表示 A 列，方括号内行号，相当于 Excel 中的 A1，但切记：在 Origin 中，这个单元格的正确名称为 Col（A）[1]，而不是 A1；在 Excel 中这个单元格的名称为 A1 或 A1，绝对不能混淆），然后，选定单元格的任何位置点右键，从右键菜单中选择 "Fill Range with/ Row Numbers"，即使用行的序号填充。在 A 列的这 20 个单元格中立即生成 1、2……20。

如果不指定单元格，而是用鼠标直接右击列标 "A[X]"，弹出的右键菜单中选择 "Fill Range with/ Row Numbers"，则会在 48 行中序号。建议如果填充的序号在 48 以内，需要填充多行，就选多少个单元格（同列），如果序号超过 48，建议使用下面介绍的公式法填充。

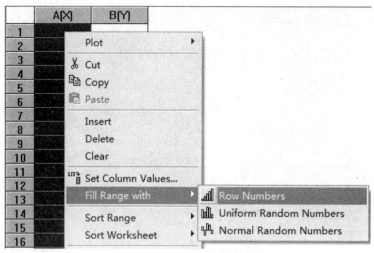

图 3-14　按系列号填充列数据

6. 公式法填充列数据

在一列中填充有规律或符合数学公式的一组数据时，使用公式法最为简单快捷。下面通过实例说明公式填充数据的用法。

例 3-1　在 A 列中第一行，即 Col（A）[1]的单元格中填写名称"pH"，在 A 列第二行到第 142 行，共 141 个单元格中依次填写 0、0.1……14.0。

分析：这是一个等差数列，但在 Origin 中，不能直接用 Col（A）[1]填 0.0，Col（A）[2]填 0.1，选择上下两个单元格然后下拉的方法来生成数列，也不能用 Col（A）[1]填 0.0，Col（A）[2]填"=Col（A）[1]+0.1"下拉的方法来生成数列，在 Excel 中介绍的公式表示法在这里一律不适用，尤其注意：单元格名称不是 A1、A2，而是 Col（A）[1]、Col（A）[2]，要生成这个 pH 值的数列，必须按规定的步骤，在弹出的公式窗口中填写公式，才能自动生成数据。

列标名称解释：在 Excel 中，每列最上面的列标名称是 A、B、C……如果我们将 A 列整列完全删除，则原来的 B、C 各列会自动跟进，同时，名称会自动更改为 A、B……即任何时间最左边的一列始终是 A 列，在表格中应用的动态公式也会自动更改，并不会影响正确计算。但在 Origin 中，列标名称是 A[X]、B[Y]、C[Y]……它们的意义是 A 列作图时默认为 x 轴，B、C 列作图时默认为 y 轴，这与 Excel 的规定相同。但默认的坐标轴是可以更改的：右击列标，从右键菜单中选择"Set As"，可以更改为其他两种坐标轴中的一种（x、y、z 用于三维坐标）。见图 3-15。

这样的设计，使用户能够很方便地对调图形中的 x 和 y 坐标（使图形转 90 度），另外，对于双 x 轴、双 y 轴的多曲线图形，也方便用户设置。而在 Excel 中，要使 x 和 y 轴数据对调，设置就较为复杂。

当然，修改 x、y、z 坐标名称时，无论如何修改，必须要同时含 x 和 y 轴，否则，无法绘图。

A 列填充 pH 值的步骤：右击 A 列列标或下面的任何单元格，从右键菜单中选择"Set Column Values"（见图 3-15，修改坐标下面的条目），弹出图 3-16 所示的窗口。

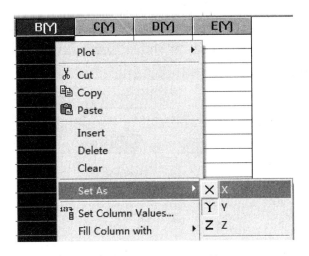

图 3-15　更改列的坐标轴

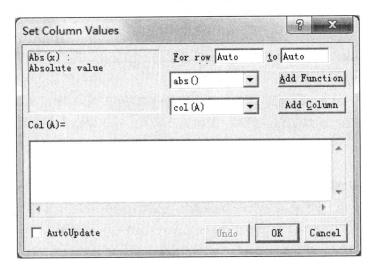

图 3-16　Origin7.5 列数据填充窗口

窗口解释（必须填写）：

For row 右边的输入框是指从第几行到第几行（左边框为开始行序号，右边框为结尾行序号）。在本例中，应填"2"to"142"。

Col（A）=下面的输入框中为填充数据依据的公式。在 Origin 中，行的序列号"i"是一个内部函数，虽然它对应于各行的顺序号，但它也可以作为一个变量参与到公式中，公式应用到哪一行，i 就取该行的序号数值。例如本例，第 A 列第二行开始填数"0"，第三行填"0.1"，则 Col（A）[2]的计算应该是 2*0.1-0.2，第三行的计算应该是 3*0.1-0.2，由此推知，这个等差数列公式应该是 i*0.1-0.2。所以，在 "Col（A）="下面的公式输入框中应该输入：i*0.1-0.2。

条件和公式输入设置见图 3-17

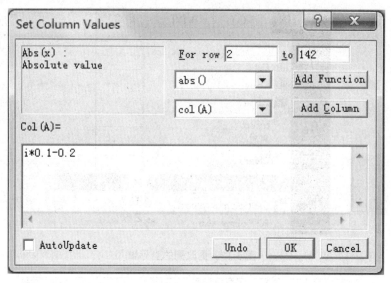

图 3-17　A 列 pH 值的填充条件及公式

在数据输入窗口中，还有两个选项：第二行的下拉窗口，提供了可以直接选择的常见数学函数的符号，如三角函数、对数、指数、开方等，如果用得到某个函数，可以选中它，再点击右边的"Add Function"，这个被选中的函数就自动"输入到"下面的公式输入框中了。也可以手工输入函数名称，例如，下面的公式表达式中要输入常用对数时，就直接输入小写的"log（）"就行了，括号中是你要取对数的数据或公式或含变量的表达式，特别注意：公式中不能用"lg"表示常用对数。化学中很少用其他数学公式，对于乘方和开方的表达式，与 Excel 中的符号相同，用"^"表示乘方，其中，使用了分数，就表示开方。第三行是指列名称，Col（C）表示 C 列，列名称只表示第几列，不管它在作图时是当 x 轴、y 轴还是 z 轴使用。同样，选定在公式中要插入的列名称后，再点右边的按钮，就添加到下面的公式表达式中了。列名称也是可以手工输入的。所要注意的是手工输入 Col（列）和带括号的函数时，括号必须是半角符号，若输入了中文的全角括号，系统不认识，会报错。第二行和第三行的自动输入功能，一般用不到。左上方的文本是对第二行的数学函数进行解释。

当输入列的起始和末位序号后，再输入计算公式，就可以按"OK"了。窗口退出，指定的列中就填充了所需的数据。

无论公式简单复杂，都是通过这个窗口来设置和输入的。公式符号与 Excel 中的约定相同，常用符号是：

+、-、*、/、常用对数 log（）、自然对数 ln（）、^（）、取绝对值 abs（）、取整数 int（　）、开平方 sqrt（　）、保留指定的小数位数 round（，）、科学记数法 prec（，）

Origin8.0 及更高版本的数据填充窗口与 7.5 版本相比，略有不同，见图 3-18。

数学函数在菜单"F（x）"中，列名称也在菜单中，新增"Formula"和"wcol"菜单。F（x）中函数更多，分类更细。设置的公式表达式可以保存。其他操作与 7.5 版本相同，不再赘述。

图 3-18　Origin8.0 的数据填充窗体界面

例 3-2　在例 3-1 基础上（设在 A 列已经计算并填充了 141 个 pH 值），请在 B 列的 Col（B）[2]到 Col（B）[142]共 141 个单元格中，计算并填充与 A 列同行 pH 值对应的[H^+]。

这是一个 pH 值转[H^+]的换算题，浓度值填充在 B 列，化学公式为：$[H^+] = 10^{-pH} = \dfrac{1}{10^{pH}}$

分析：要将这个公式用 Origin 系统能识别的算法语言来表示，初学者可以分两步来处理。

第一步，将式子中的算符改为计算机算法语言　右式 = 1/10^pH（或写成 1/（10^pH））

第二步，将式中的变量 pH 改为所在的单元格名称　右式 = 1/10^（col（A）[i]）。

将等号右边的式子填写到图 3-17 或图 3-18 的公式框中。

提示：如果是取同一行的数据进行计算，因为自变量、因变量都具有相同的序号 i 值，故公式中的[i]可以省略；因为 B 列的 pH 值都是取自 A 列同一行的位置，因此，在数据公式的窗口中的始末行序号都可以用"<auto>"，当然，也可以用"2"to"142"，结果是相同的。填充公式见图 3-19。

2	0	1
3	0.1	0.79433
4	0.2	0.63096
5	0.3	0.50119
6	0.4	0.39811
7	0.5	0.31623
8	0.6	0.25119
9	0.7	0.19953
10	0.8	0.15849
11	0.9	0.12589
12	1	0.1

Set Values - [Book1]Sheet1!Col(B)

Formula　wcol(1)　Col(A)　F(x)

Row (i)：　<auto>　To <auto>

|<< << >> >>| Col(B) =

1/10^col(a)

图 3-19　引用同一行数据的氢离子浓度计算公式

例 3-3　在前二例数据的基础上，计算 HF 在各个 pH 值下的 HF 和 F⁻分布分数值δ_{HF}、δ_{F^-}（从 pH=0.0 开始，直到 pH=14.0，共 141 个数值）。δ_{HF}的值充入 C 列，δ_{F^-}的值充入 D 列。

分析：HF 的分布分数公式为

$$\delta_{HF}=\frac{[H^+]}{[H^+]+K_a}=\frac{[H^+]}{[H^+]+\{6.6E-4\}} \; ; \quad \delta_{F^-}=\frac{K_a}{[H^+]+K_a}=\frac{6.6E-4}{[H^+]+\{6.6E-4\}}=1-\delta_{HF}$$

δ_{HF}的右式=[H⁺]/([H⁺]+(6.6e-4))=col(B)/(col(B)+(6.6e-4))(注：B 列为氢离子浓度)

δ_{F^-}的右式=1-δ_{HF}=1-col（C）（注：C 列放δ_{HF}值）

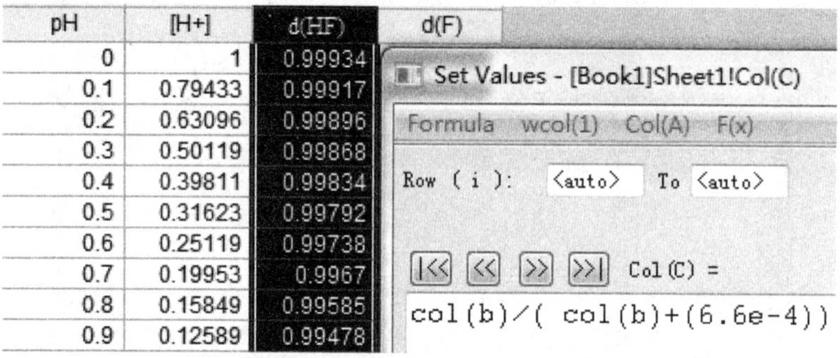

图 3-20　HF 的酸分布分数计算公式及数据填充

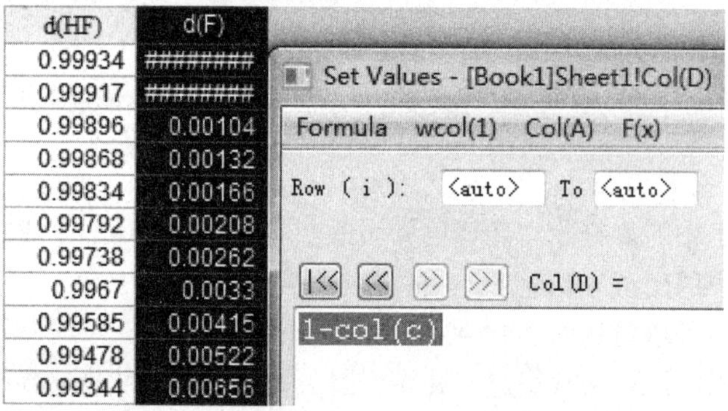

图 3-21　HF 的 F⁻分布分数计算公式及数据填充

列名称符号，不分大小写，算式中的指数"e-4"字母 e 也不分大小写，公式中的（6.6e-4）前后小括号也可以省略，因为在计算机语言中，如果数字后为 e±整数或 E±整数时，系统即识别为科学记数表示法。所以对于去括号后的"col(b)+6.6e-4"，系统不会视为有三项的多项式，而是视为二项之和，并将 6.6e-4 视为 6.6*10⁻⁴。但对于初学者，为便于阅读，还是建议写表成 col(b)+(6.6e-4)。

说明：表格中的"######"符号，代表该单元格过小，容纳不下数据（小数后位数太多），只要拓展列的宽度，就能正常显示了，它不影响表格中的数据处理。可以设置成科学记数法。

有了 C 列和 D 列的分布分数值，就可以同 A 列的 pH 值对应作图，生成两条分布分数曲线。作图方法及要求后述。

计算公式中也可以多列数据的数学处理，例如 A 列为小时，B 列为分钟，要将它们合并为以分钟为单位的时间，则可以设 C 列为合并后的时间（分钟），则 C 列的公式应该是：
Col(A)*60+Col(B)

3.2.3 作图类型

在化学中常用的图形有直线、折线、光滑曲线、直方图等。

1. 直线

主要用于分析化学中的标准曲线。在物理化学中，某些非线性方程的系数待定的实验，也常常通过适当的变换（如对数变换、倒数变换），使之成为直线方程，通过作图方法获得截距和斜率。例如，物理化学中固液界面上的弗伦特立希吸附等温式为：

$$\frac{x}{m} = kC^{\frac{1}{n}}$$

要确定某吸附实例（如活性炭对醋酸的吸附）中的吸附常数 n 和 k 的值，就可以通过测定相同活性炭质量 m 对一系列不同浓度的醋酸溶液的吸附平衡时，溶液中的平衡浓度（C_i）来推算 k 和 n 值。上式中吸附量 x 与 C 之间为非线性关系，但左右取对数后，就变为：

$$\lg \frac{x}{m} = \frac{1}{n} \lg C + \lg k$$

用 $\lg \frac{x}{m}$ 对 $\lg C$ 作图，即得一直线，斜率测定值为 $1/n$，可以确定 n 值，截距测定值为 $\lg k$，可以确定 k 值。在 Origin 中选择直线图，除直接生成直线外，系统还会直接给出斜率和截距值。

物理化学中很多非线性公式的待定常数都是采用这种处理方法，通过实验来测定。

2. 折线

主要用于非线性关系，而且实验数据比较少的情况。因为实验数据不多，又是非线性的，制作光滑曲线意义不大，故常用折线法。

3. 光滑曲线

主要用于非线性关系，数据量较大的情况。例如，反应动力学曲线、紫外可见光谱扫描曲线、红外光谱曲线等。因为数据太多，并不需要突出实验点的具体位置，主要体现出两个过程中的变化规律，或者各部位的特征（如红外光谱）。

4. 直方图

主要用于大量重复数据的统计分析。直方图在 Excel 制作较复杂，需分多步完成，而在 Origin 中则可以一步完成直方图，还能生成正态分布曲线。

在统计分析中也会用到饼形图。

在编辑窗口底部有常用的作图工具，其中的"/"图标并不代表拟合直线，它仅表示相邻两个数据点为直线，如果一组数据为非线性关系，则选择它作图时，结果是无数据点的折线。如果要线性拟合，应该选择两数据后，从菜单"工具/线性拟合"来生成直线。

3.2.4 图形编辑

制作了曲线或图形后，需要对图形进行编辑。编辑包括坐标取值范围、分度值及字体字号；图形边框；图题、坐标名称及单位，字体字号；网格线、底纹；图形标注等。

下面，以 HF 溶液的两个分布分数曲线为例，介绍相关的图形编辑内容。

例 3-4 在例 3-1 到例 3-3 基础上（设已生成所需数据），绘制 HF 和 F⁻ 的分布分数曲线，并完成相关的设置和标记。

分析：A[X]列为 pH 值，而且作为 x 轴，已经符合要求；C[Y]列为 HF 的分布分数值，作为 y 轴，D[Y]列为 F⁻ 的分布分数值，作为 y 轴，均符合要求，不需要调换坐标。因为 A 列与 C、D 列不相连，为了将 A、C、D 三列数据全选，应该按下面的步骤操作：

（1）单击 A[X]列的列标，使全列被选中。

（2）按下 Ctrl 键，然后单击 C[Y]列的列标，再单击 D[Y]列的列标，三列均被选中。

在单击 D[Y]列前，也可以放开 Ctrl 键，按下 Shift 键，再单击 D[Y]列的列标，效果是相同的。

提示：要选择分隔开的列，选中第一列后，一定要先按下 Ctrl 键，再单击下一列；如果有多列数据相连，可以在选择左边一列后，按下 Shift 键，再单击最右边一列，即可选择多列。

（3）选择好三列不相连的数据后，点左下角的图标"/"，即生成了图 3-23 的两条曲线图。

从图 3-22 可以看出，横坐标的标题用了列标 A，纵坐标的标题用了 HF 分布分数所在的列标。这显示没有化学意义，右上角的方框为图标，横纵坐标的起点值和分度值也不恰当，没有图题，它们都需要设置。

左边下方有两个文件图标，名为 Book1 的文件为数据文件，即例 3-1 到例 3-3 中生成的四列数据表；名为 Gaph1 的文件为图形文件，即右边的双曲线图。双击 Book1 图标，可以调出表格，双击 Graph1 图标，可以调出图形。如果将单击右上角的最大化按钮，取消最大化时，则表格和图形可以同时显示。

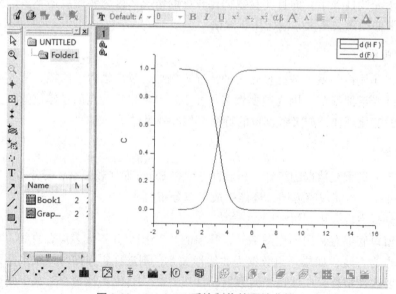

图 3-22　Origin8.0 系统制作的原始曲线

图形编辑内容。

（1）修改坐标轴相关内容。右击横（或纵）坐标轴或数字，弹出右键菜单（见图3-23）

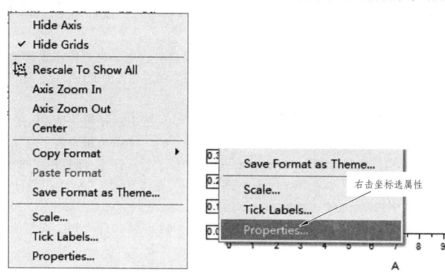

图 3-23　坐标轴的右键菜单及选择

条目解释：Hide Axis（隐藏坐标轴），Hide Grids（隐藏网格线），Rescale To Show All（重设所有坐标的刻度），Axis Zoom In（坐标轴放大），Axis Zoom Out（坐标轴缩小），Copy Format（拷贝格式，右边展开有多种选择，如字体、颜色等），Save Format as Theme（将格式保存为主题），Scale（调整坐标刻度），Tick Labels（调整刻度标记），Properties（坐标属性，它可设置的内容较丰富）。

从弹出的右键菜单中选择"Properties"，见图3-24。

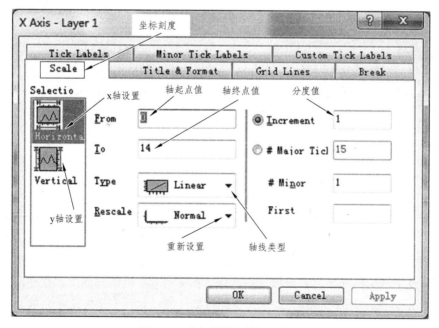

图 3-24　坐标轴的属性设置窗口

坐标轴的属性共有 7 项设置。它们是：Scale（刻度），Title & Format（横纵轴标题及格式），Grid Lines（网格线），Break（过长或过宽图形的分割，轴断点），Tick Labels（坐标轴的主刻度标记），Minor Tick Labels（坐标轴的次刻度标记），Custom Tick Labels（坐标轴的自定义刻度标记）。

调出坐标轴的属性设置窗口，除轴上的右键菜单方法外，也可以点顶部菜单栏的"Format"，从下拉菜单中选择"Axes"到"Axis Title"的三条目中的任一项，即可弹出图3-24 的窗口。

在右键菜单中选"Properties"，在弹出的设置窗口中（图 3-24），默认呈现的是"Scale"设置。点左侧的 x 轴设置图标，在"From"右框中填"0"，"To"右框中填"14"，则 x 轴上的标尺即为 0-14；在右上方的"Increment"右框中填"1"，表明，坐标标尺的分度值为1，应该呈现 1、2……14。Type 使用默认，即直线型。点右下角的"Apply"，可以从下层的图形上看到横坐标表示的更改结果。

点左侧 y 轴设置图标，切换到纵轴设置，方法同 x 轴。范围为：0-1.0，分度值为 0.1，其他不变。

（2）x 轴、y 轴名称（标题）及单位。点图 3-24 中的顶部标签"Title & Format"，标题及格式设置的项目及解释见图 3-25。

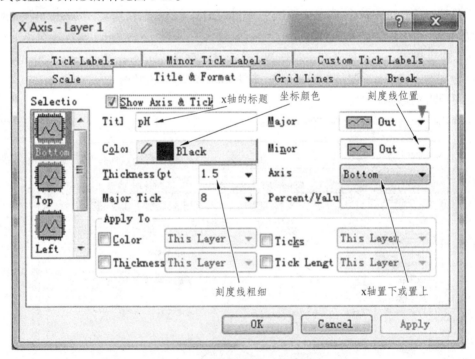

图 3-25　坐标的标题格式设置界面

在本例中，横坐标为 pH，故在 Title 右框中输入"pH"，标题颜色可以在图形界面上改颜色和字体及字号。坐标颜色和粗细保持默认，刻度线置于轴线外部（轴在底部时，刻度线在轴线下），x 轴在底部，y 轴在左边，也保持默认值。此页主要是设置 x 轴及 y 轴的名称（标题）。

在此界面上，点左侧的坐标选择图"Left"（下图标），将 y 轴的标题（Title）改为"d"，其他保持默认值，单击设置窗口中的"Apply"，看看修改的效果。标题本应该输入"d"，但在此设置页上不能使用字体设置，所以先输入"d"，返回到作图界面时，再选择该标题，从主工具栏上修改字体为 symbol，d 就自动变为 δ 了。

如果 x 轴或 y 轴表示的量有单位，可以在轴标题后面添加单位符号，例如 x 轴为波长，则 x 轴标题可写为"λ/nm"。

（3）添加图形标题。默认的图形没有标题，可以从左边的工具箱中选"T"文本工具，然后，在图形中的任何位置单击，鼠标即呈插入状态。在文本框中输入图题，例如，"图 3-24 坐标的标题格式设置界面"，输入文字后，选中文本框，从工具栏中选择字体、字号、颜色等工具进行设置。将设置好的文本框移动到 x 轴下方合适位置即可。

（4）在绘图区添加标签及修改图例。可以用左边工具箱的工具对，在绘制好的图形中添加字符、线段、箭头。例如，本例中的图例可以用文本框来代替，因为图例中的字符无法修改成"δ_{HF} 和 δ_{HF}"，可以用工具箱中"T"工具插入文本框，对文本框中的 d 和 HF 选用不同的字体，并将 HF 设置成下标，即可得到我们期望的效果（见图 3-26）。

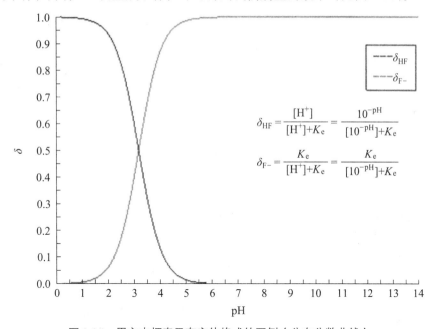

图 3-26　用文本框表示有字体格式的图例（分布分数曲线）

绘图区也可以粘贴图片、公式，见图 3-27，例如，定量分析中的标准曲线图中，也可以粘贴线性回归方程和相关系数。如果觉得默认的图例不合适，也可以删除图例，然后在每条曲线的适当位置插入分布分数的字符标签或公式。

在图 3-26 中，图例貌似默认的格式，只是增加了字体和上下标。其实，编辑时用到了左边工具箱中的两个工具：文本工具和矩形工具，文本框本身没有方框包围，为了让其与默认图例相似，增加了方框，用一个方框套住文本框内容后，再设置方框的属性（选方框点右键选"Properties"），除去方框的填充色（Fill Pattern/Fill Color/none），使其他透明，才有现在的结果。

　　小技巧：插入到图形中的文本框、图形、箭头等，因为较小，选择它们会困难一些，可以在插入图附近按下左键拉线框，当线框与插入图交集时，插入图或框即被选中。对于文本框的再编辑，可以双击它，即可进入文本编辑状态，太小的文本框（如只有一个字母的标签）可以点工具箱中的"T"，再来单击文本框，即进入字符插入状态，再移动方向键以判断鼠标插入点是否在已有字符的左右移动，否则，有可能未进入编辑，而变成新增文本框。

　　用"T"插入文本框时，它不像 Word 文本框一样可以拉出任意大小的输入框，它只会出现一个字符大小的小框，但输入字符过程中，输入框会自动拓宽。如果图形中要输入多个字符框，可以先编辑一个框，确定了字体、字号、颜色等参数后，复制该文本框，再粘贴几次，就得到格式相同的文本框，只需要修改内容即可得到不同的文本框。

3.2.5　文件保存与图形共享

　　Origin 的文档包括表格、绘制的图形及图片等内容，被保存在一个扩展名为 opj 的文档中。当打开这类文档时，表格、图形仍然按 Book1 和 Graph1 两个文件呈现在工程浏览器中（Project Explorer），双击 Book1 图标，打开表格数据窗口，双击 Graph1 图标，打开图形窗口，非最大化条件下，两个窗口都同时呈现。建议将新编写的 opj 文档"另存为（Save Project As）"到桌面上，方便查找和转移，如果点击"保存（Save Project）"，则一般保存在安装目录下，两次打开文件不太方便。

　　Origin 中生成的图形（如曲线），可以直接拷贝到正在编辑的 Word、PPT、Excel 文档中。复制到 Word 中的图形，可以无级缩放，基本不会失真。在 Word 中的 opj 图形，双击之该图形，即可打开 Origin 编辑窗口，进行编辑。如果在 Origin 编辑界面中，只能看到 Graph1 文件图标和显示的曲线图，没有数据表格 Book1，见图 3-27。

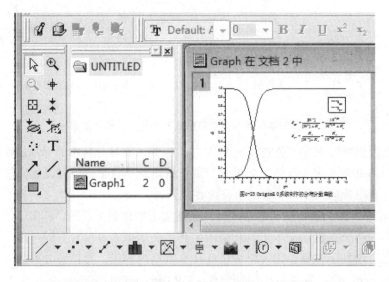

图 3-27　双击 word 中的 opj 文档打开编辑（左边无 Book1）

虽然没有数据表格，但可以重新创建。方法是：单击任一条曲线，使之被选中，右击弹出右键菜单，选择其中的"Create worksheet Book1"，见图 3-28，左边的浏览器就多了一个 Book1 的表格文件，双击 Book1 图标，立即打开与两条曲线关联的数据表格。

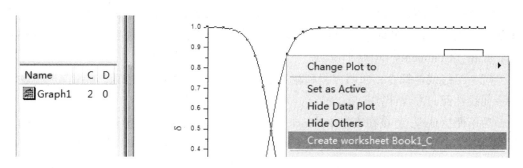

图 3-28　根据曲线创建对应的数据表格

将已打开并正在查看的 Origin 文档"另存为"新的 opj 文件。即提取了 Word 中的 opj 文件了。本例中只含 pH 值、HF 和 F⁻的分布分数三列数据，它们可以进一步编辑和修改。注意：创建表格前鼠标必须单击任意一条曲线，使之被选定。鼠标在曲线上任一点，点右键。从右键菜单中选择"Create worksheet Book1"，即生成了一张数据表格。然后，另存为一个新文件，即可以用创建的文件进行编辑和作图了。

复制 opj 图形时，不要选择绘图区，而用鼠标右击绘图区外的任意一位置，从右键菜单中选择"Copy Page"，再粘贴到 Word、PPT、Excel 文档中。粘贴到 Word 等文档中的 opj 图形，必须在本机中安装有 Origin 软件，才能双击打开进行编辑，否则，无法打开的。

3.3　Origin 在化学中的应用实例

下面介绍 Origin 处理几个分析化学的作图与计算问题的应用实例。各例介绍均以具体的例题引入，重点介绍作图和计算的设计思想和操作要点，对于生成的图形作进一步的编辑排版等。

3.3.1　标准曲线及线性回归

例 3-5　用巯基乙酸法测定亚铁离子的分光光度法测定，在波长 605 nm，测定试样溶液的吸光度值，所得数据如下：

x（Fe 含量，mg）　0.20　　0.40　　0.60　　0.80　　1.00　　未知
y（吸光度）　　　　0.077　0.126　0.176　0.230　0.280　0.205

a. 列出一元线性回归方程；

b. 求出未知液中含 Fe 量；

c. 求出相关系数。

1. 分析与设计

（1）将 Fe 含量作放 x 轴，吸光度放 y 轴。

为了便于阅读，在 Origin7.5 中，可以将列标改为含量 C、吸光度值 A 的符号，即 A 列的列标 A[X]→C[X]，B[Y]→A[Y]。括号前的字母为化学量符号，方括号内的字母为该化学量隶属的坐标属性。在 Origin8.0 中，标签符号不修改，将化学量符号直接写在 "Long Name"行，并在 "Comments" 中略加说明。下面操作以 8.0 版本为例。

（2）经过线性拟合，回归方程和相关系统都可以直接生成，试样溶液的含量测定可以用一元线性回归方程计算。

为了便捷处理，直接在表格中，安排一个单元格放置试液的 A 值（本例选 Col（A）[10]），另一个单元格放计算生成的铁浓度 C（本例选 Col（C）[10]）。Col（C）[10]单元格的值使用自定义公式计算，可以在生成线性回归方程后再设计 Col（C）[10]的算式。用户只要在 Col（A）[10]中输入测定的试液吸光度值，Col（C）[10]单元格就能自动生成结果。

2. 作图操作

（1）修改列标。在 Origin7.5 中，右击 A[X]（左列），右键菜单中 "Properties"（属性），弹出如下窗口，将 "A" 改为 "C"，其他保持默认。

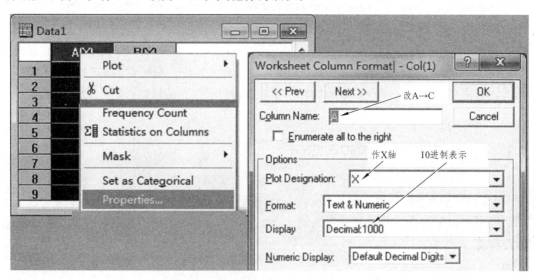

图 3-29　修改表格中的列标字母

修改完 A 列，再点右图中顶部的 "Next"，切换到 B[Y]，将 "B" 改为 A（在此为吸光度的符号）。按右上的 "OK"，确定退出。

在 Origin8.0 中，可以不修改列标，左右两列仍然保持 A[X]和 B[Y]符号。但在长文件名处输入浓度符号 C 和吸光度符号 A，见图 3-29。

操作：按住左键下拉，选择要设置的数据单元格（如 Col（A）[1]到 Col（A）[5]），点右键，右键菜单中选择 "Format Cells"（单元格格式），即弹出图 3-30 的右边窗口。按提示选择和修改。

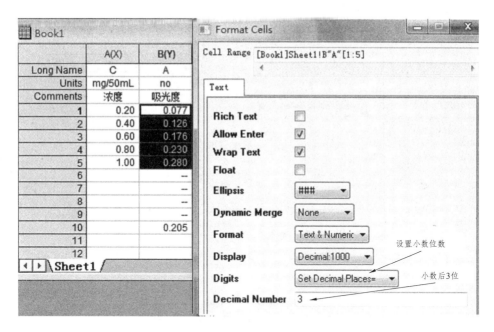

图 3-30 设置数据的有效位数（小数点后的位数）

Origin7.5 的单元格格式设置与此相同。

（2）录入数据。

左列（即 C[X]列）从 Col（C）[1]开始输入标准溶液的 5 个浓度值，右列（即 A[X]列）从 Col（A）[1]开始输入标准溶液的 5 个吸光度值，注意：每行的两个单元格数据必须一一对应，不能错位。在第二列的 Col（A）[10]输入试液的吸光度值 0.205，第一列的 Col（C）[10]暂时留空。

（3）选择数据作图。

按住数据块的左上角单元格（即含 0.20 的单元格），往右下拉到数据块的右下角（即含 0.280 的单元格），使标准溶液的两组数据被选中，见图 3-32。

	A(X)	B(Y)
Long Name	C	A
Units	mg/50mL	
Comments	浓度	吸光度
1	0.20	0.077
2	0.40	0.126
3	0.60	0.176
4	0.80	0.230
5	1.00	0.280
6		
7		--
8		--
9		--
10		0.205
11		

图 3-31 选择标准溶液的数据块

单击底部作图工具中的散点图标 ，即生成了散点图，见图 3-32。

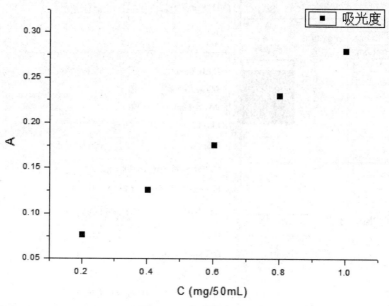

图 3-32　生成散点图

点菜单栏的"Analysis/Fitting/Fit Linear/1<Last used>"，即生成了如下的线性回归曲线，同时生成一份参数表，见图 3-33。

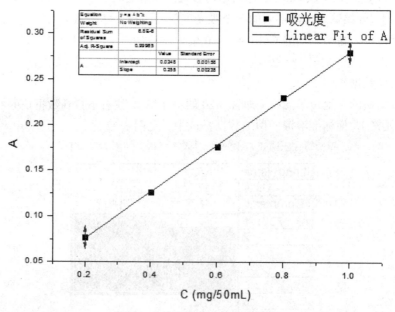

图 3-33　线性回归曲线及参数表

参数表中包含了直线方程的三个重要参数，见图 3-34。

从参数表中知道，线性方程的斜率（Slope）为 0.255，截距（Intercept）为 0.0248，相关系数为 0.99965。线性方程为 A=0.255C+0.0248

浓度计算公式为 C=（A-0.0248）/0.255

Equation	y = a + b*x		
Weight	No Weighting		
Residual Sum of Squares	6.8E-6		
Adj. R-Square	0.99965		
		Value	Standard Error
A	Intercept	0.0248	0.00158
	Slope	0.255	0.00238

图 3-34　实验数据的线性拟合参数

（4）计算试液铁浓度。

将计算公式 C=（A-0.0248）/0.255 右边变换为（Col（B）[10]-0.0248）/0.255，即可用于单元格 Col（A）[10]的浓度计算。

操作：双击左边浏览器上的 Book1 图标，调出数据表格，选中 A 列标，右击从右键菜单选"Set Column Values"，按图 3-36 所示填写公式和单元格名称：

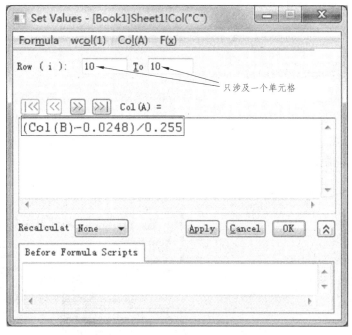

图 3-35　一个单元格使用公式计算的表示法

只用到一个单元格时，行标号 i 的取值均为 10（第 10 行）。因为是取 B 列同行的值计算，故可以省略行号标识：Col（B）[10]→Col（B）

如果更改了 Col（B）[10]中的吸光度值，系统似乎不会自动刷新，需要再重新打开"Set Column Values"，该列只有这个公式时，公式表达式仍然存在，不须修改，但要重新填写 i 值 From 10 to 10。

3. 讨论

Origin7.5 的操作与此类似，拟合参数显示在界面的底部窗口中。见图 3-36。

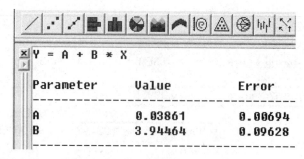

图 3-36　Origin7.5 线性拟合的参数表

　　图形中也可以插入回归方程式（用左边的"T"工具编写）。图形的图题、字符、曲线的颜色、粗细等，按第二节介绍的方法处理，在此不再详述。

　　在 Origin7.5 中，因为没有"Long Name""Unit""Comments"等非数据行，故作出的图形中没有化学量符号及单位，需要手工添加和修改。

3.3.2　直方图及正态分布曲线

　　例 3-6　现有一组某课程的学生期末考试成绩表（119 个数据），请绘制成绩分段直方图及正态分布曲线。

　　有限数据进行正态分布统计的处理方法。

　　利用 Origin 可以对一组数据很方便地进行正态分布统计。处理步骤是：

　　（1）将一组数据放在 B[Y]列，不能作为 x 值来放置（一般默认 A 列为 x 值）；

　　（2）选定全部数据（单击列标），点击菜单栏"绘图\统计图\直方图"（Plot\Statistics\Histogram），系统便自动生成直方图；

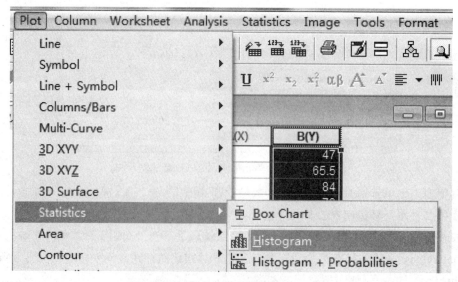

图 3-37　制作直方图（数据放 B[Y]列）

　　（3）生成直方图后，再单击直方图，右击"作图细节"条目（Plot Details）。

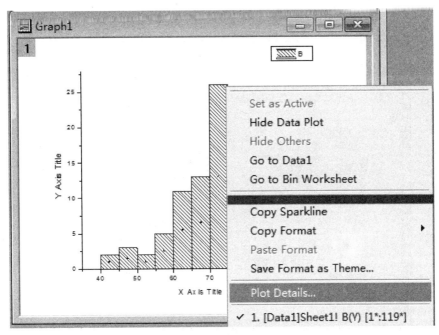

图 3-38　选择直方图的作图细节

（4）在弹出的窗口中（图 3-39），右窗口选择数据 "Data"，曲线框修改 "None" 为 "Normal"。

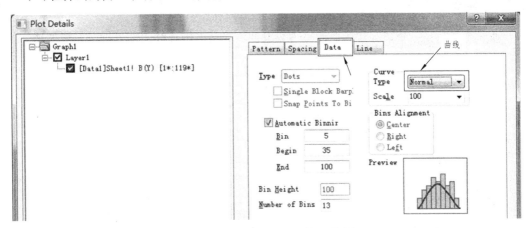

图 3-39　作图细节窗口中的两项选择

（5）按下 "OK"，系统便自动生成正态分布曲线，见图 3-40。

提示：

①作直方图时，只需要一组数据，数据必须放在 B[Y]列，不能放在 A[X]列，否则，无效。

②虽然在 Origin 编辑窗口的底部，也有直方图的作图按钮，但选择数据后点击无效。必须从画图菜单中进入选择。

图形的横坐标、纵坐标名称需要修改，需添加图题。这些编辑工作方法同前，不再叙述。

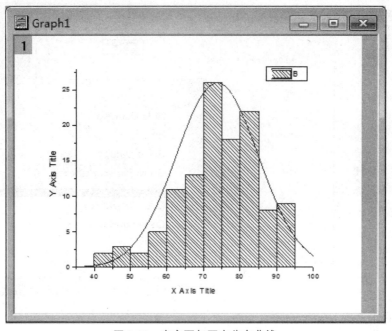

图 3-40　直方图与正态分布曲线

3.3.3　实验曲线的平滑

曲线平滑是指，将某些实验曲线出现异常的不光滑、不连续的部分进行光滑处理。

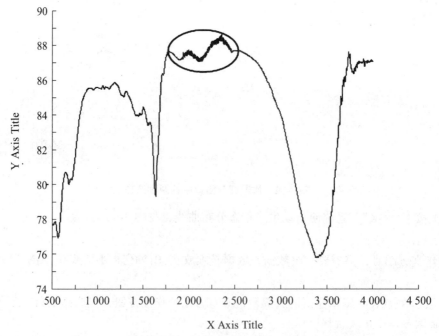

图 3-41　胶原蛋白-氯化钙复合物的红外光谱（含异常峰）

由实验数据绘制的曲线，有时某些个别位置会出现一些反常的形状，在不违背科学精神和化学规律的前提下，可以对局部的反常曲线进行适当地处理，使之更合理。将反常形状进行光滑处理，即为曲线的平滑操作。下面通过例 3-7 的处理，介绍 Origin 的平滑操作步骤。

例 3-7　图 3-41 为呆胶原+CaCl$_2$ 复合物的红外光谱图（3601 组数据绘制，表格数据未截图）。其中椭圆标识的曲线部分的变化属于非正常的，通常胶原蛋白在这段区域为光滑平坦的曲线，官能团的红外峰主要是左边的巨型倒峰（-OH、-NH$_2$ 等）椭圆右侧的倒峰对应于酰胺Ⅰ、Ⅱ和Ⅲ带，由于钙离子的影响，Ⅱ和Ⅲ带几乎完全消失，Ⅰ带减弱过半。曲线中异常的椭圆部分对蛋白质与钙的作用机制研究并无关系，但粘贴到论文中则无法说明异常。所以，需作合理的平滑处理。

平滑处理一般是将有峰和谷的地方处理成平滑（或平坦）的曲线。在本例中，要防止其他的峰和谷不发生变化，只改变椭圆范围的曲线形状，可以使用工具箱中的范围选择工具"✳"，将处理的 x 坐标范围局限在椭圆区间。然后，再使用平滑工具处理。

1. 步骤

（1）单击左边工具箱中的范围选择工具。

在曲线的左右两端即出现两对"✳"，鼠标变成"田"字形。将鼠标移动到左端的双箭头工具处，让"田"字中心压在两箭头中间的曲线上，按住鼠标左键往右移动，双箭头符号便沿着曲线往右移动，直到椭圆左边的曲线交点附近，松开鼠标。再将鼠标移动到右边双箭头中心的曲线点上，压住左键往左移动，直到椭圆右边的曲线交点附近，松开鼠标。要处理的范围即被限制在这两对双箭头之间。

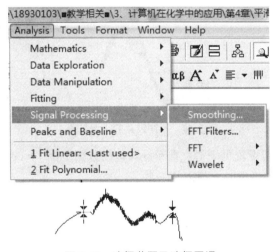

图 3-42　选择范围及选择平滑

（2）平滑。

选择了处理范围后，在 Origin8.0 中，点击菜单栏中的"Analysis/Signal Processing/Smoothing"，弹出如图 3-43 的平滑窗口。

左侧为参数设置，右侧为预览（请在底部的"Auto Preview"打勾）。平滑方法（Method）有三种，点下拉三角符号可以选择，本例选"FFT Filter"（傅利叶变换法）。"Points of Windows"是变换处理用的每组数据个数，n 越小则变换越精细，失真越小，越大则变化越大，失真越大。本例的目的是要将具有毛刺又有两个峰的曲线平滑成一段相对光滑、没有峰的曲线，所以，不必考虑曲线的失真性。图 3-43 右侧的预览图中，有毛刺的曲线为原始线，而贯穿其中的光滑细线为 $n=0$ 时的平滑曲线，显然，曲线变光滑了，但原来的峰仍然存在，所以，应该将 n 值增大，如 $n=500$，平滑结果与 $n=50$ 的平滑线就大相径庭，设置好"方法"和"数据点数"后，对预览结果满意，就按下底部的"OK"，完成一次平滑。请比较图 3-44 中的结果（只平滑一次及多次平滑）。

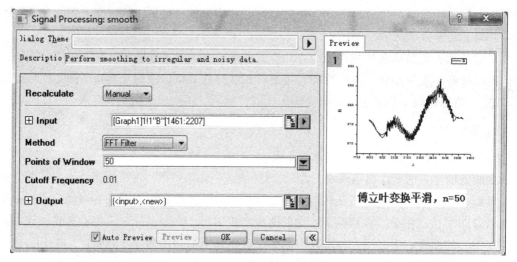

图 3-43　曲线的平滑设置窗口

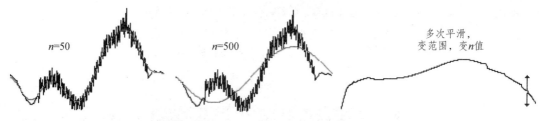

图 3-44　不同设置的平滑效果

（3）多次平滑或重新设置再平滑。重新设置包括数据范围，n 的大小。一般开始平滑时 n 取大一些，以后的精细平滑时 n 值取小一些。

2. 讨论

平滑处理不是一次就能达到理想的效果，一般经过多次，多范围，不同设置的平滑，才能完成。

在中文 Origin7.5 中，平滑的操作命令在菜单"工具"中，点"工具/平滑"，即弹出如图 3-45 的平滑选择与设置窗口。通常设置或选择的项见窗口中用线框罩住部分，选择"FFT Filtering"，然后点顶部的"Settings"（设置），"Create Worksheet"（创建一个新的工作簿来放置平滑生成的数据，这是默认设置），"Number of"（平滑的数据个数）由用户设置，同 Origin8.0。左边为设置，右边为平滑的操作命令，按下"FFT Filtering"，即完成一次平滑。如果选用"Create Worksheet"，则平滑后的曲线叠加在原始曲线上，如果选用"Replace Original"，则新生成的规模数据覆盖原来的数据，生成的曲线总是最后平滑的曲线。建议按默认设置，将平滑数据放在新表格中。最后完成平滑，可以保留最后一次平滑数据表，删除其他的数据即可。

提示，如果某次平滑不好，可以直接"撤消"操作，恢复到上一次平滑的结果。

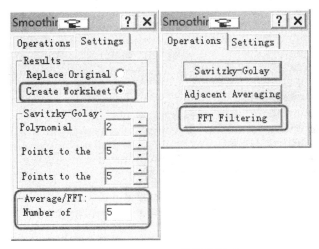

图 3-45　Origin7.5 的平滑设置

3.3.4　双 y（双 x）坐标图

将两个图形画在一个坐标中，如果二者的坐标取值范围相近，可以使用相同的横坐标和纵坐标，例如，弱酸、弱碱及其他盐溶液的几条分布分数曲线，无论几元酸，都可以画在同一个坐标系中。但如下的两个方程，因为二者的 y 轴取值范围相差甚远，无法共用相同的 y 轴，遇此情况，要将两个图画在一起，就需要用双 y 坐标模板。

例 3-8　现有两个函数以及 x=1～20 的函数值数表，请将二函数的曲线画在一起，图形大小应合理，见图 3-46。

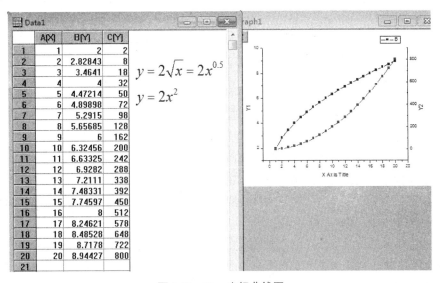

图 3-46　双 y 坐标曲线图

其步骤如下。

（1）单击 A[X]、B[Y]、C[Y]三列的列标，将三列选中（B[Y]列为开方函数的计算值，C[Y]列为乘方函数的计算值，公式表达式及表格填写前已述及，略讲）。鼠标从菜单"绘图"（Plot）中选择"模板库"。

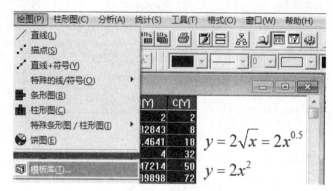

图 3-47　进入绘图模板库查找双 y 坐标模板

（2）在弹出图 3-48 所示的窗口中，从左上的分类栏中找到"Multiple Layer"，再从左下模板框中找到"RightY"，右边预览窗口中显示的图案正是本例要求的模板。

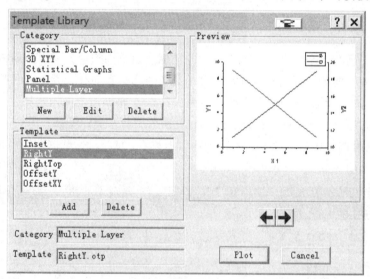

图 3-48　从 Origin7.5 版模板库中查找双 y 轴模板

找到所需模板后，点底部的"Plot"，立即生成同 x 轴，不同 y 轴的图形。

（3）对默认的图形需要对坐标刻度、取值范围、坐标标题、图形标题等，进行编辑和排版。双 y 坐标中，左边的纵轴默认为 Y1 轴，右边默认为 Y2 轴。对于普通的数学函数，可以不作修改，但对于化学图形，左右纵轴都有各自的意义，必须按纵坐标的化学意义修改名称和分度值。

这类图形横坐标分度值相同，二曲线共用。如果两个图的横坐标、纵坐标取值范围，甚至名称都不相同，则需要用双面板模板画图，其他更多的模板用户可以上下浏览学习。

对于 Origin8.0 版本，模板库略有不同，所有模板都集中在"Category"中。双 y 坐标

模板在分类中的 "Multi-Curve" 里，点左边的 "+" 展开，找到 RightY，再从右边的预览图确认。Origin8.0 的绘图模板库窗口见图 3-49。

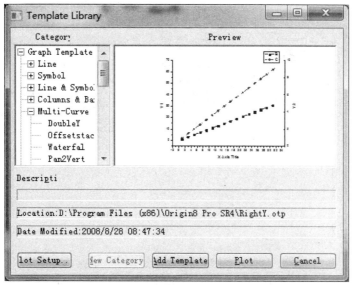

图 3-49　从 Origin8.0 版模板库中查找双 y 轴模板

无论是 Origin7.5 版本还是 Origin8.0 版本，找到双 y 轴模板后，按下 "Plot" 即绘出图 3-50 的双 y 曲线。

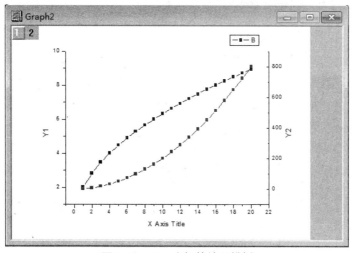

图 3-50　双 y 坐标的绘图模板

3.3.5　化学公式（函数）绘图

Origin7.5/8.0 中都有一个函数绘图工具，只要用户按规则输入数学函数，系统就能自动绘制出一条函数曲线。很多化学公式也可归入数学函数，也能绘制出化学图形。这种方法不需要表格，只要求正确书写函数表达式即可。

操作步骤为：在 Origin7.5/8.0 中，点击工具栏上的新建函数图形的图标（New Function），系统会弹出 "Plot Details" 窗口，它是一个输入函数表达式及 x 轴取值范围的窗口。要指定

x 取值范围时应该将"Auto X Range"的小勾去掉。本例绘制 HAc 的 Ac 分布分数曲线。注：表达式左边无等号。

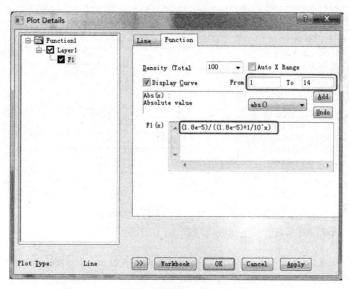

图 3-51　函数表达式及 x 取值范围输入窗口

按下"New Function"键，可以添加新函数曲线，本例添加 HAc 分布分数曲线公式。

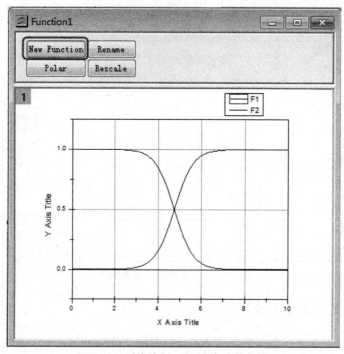

图 3-52　系统绘制 HAc 分布分数曲线

绘制好的曲线图中，坐标、标题、字体、字号、颜色、坐标分度值等，也可以修改和编辑，方法与普通图形编辑相同。

Origin7.5 版本的函数绘图功能、方法、步骤和窗口与 8.0 版本完全相同。

3.3.6 曲线寻峰

从曲线上查找正峰值和负峰值的功能称"寻峰（pick peak）"。根据实验数据绘制曲线后，利用 Origin 中的寻峰功能，可以快速标记峰的位置。

在 Origin8.0 中，将曲线作为当前窗口，再点菜单栏"Analysis/Peak and Baseline/Peak Analyzer"，首次使用，会弹出峰分析对话框，见图 3-53。

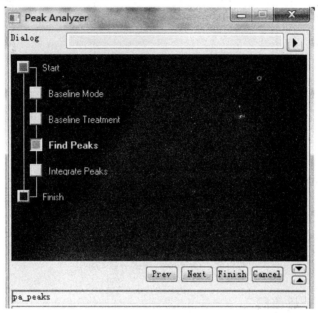

图 3-53　峰分析对话框

单击"Find Peaks"，按下"Finish"按钮，对话框退出，图形上的峰即被红线标记。

对于 Origin7.5 版本，选择图形，点菜单栏上的"工具/拣峰"，会弹出寻峰设置，按下"Find Peaks"，即可自动查找正、负峰，并标识其位置和波长。峰的对应数据放在新生成的数据表格中。

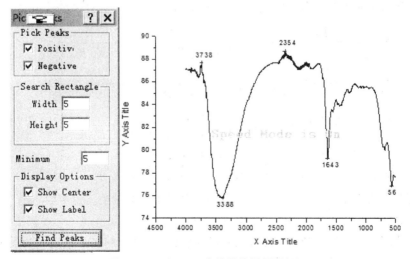

图 3-54　Origin7.5 中的寻峰设置及标记

Origin8.0 中的标记与 7.5 版本相同。

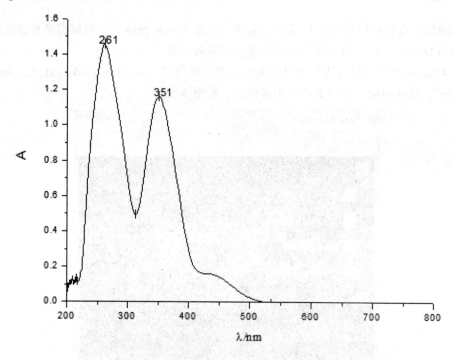

图 3-55　Origin8.0 中的寻峰与标记

3.3.7　酸碱分布分数曲线

酸碱分布分数曲线是酸碱平衡中比较重要的一类曲线，对于一元或 n 元弱酸弱碱，分布分数曲线共有 $n+1$ 条，它们反映了溶液 pH 值变化时，酸碱平衡体系中各组分相对浓度的变化规律。

例 3-9　计算并绘制磷酸及其盐溶液的酸碱分布分数曲线。

分析：磷酸体系的分布分数曲线共有 4 条。磷酸的分布分数计算公式汇总如下：

$$\delta_{H_3PO_4} = \frac{[H_3PO_4]}{c} = \frac{[H^+]^3}{[H^+]^3 + [H^+]^2 K_{a1} + [H^+] K_{a1} K_{a2} + K_{a1} K_{a2} K_{a3}}$$

$$\delta_{H_2PO_4^-} = \frac{[H_2PO_4^-]}{c} = \frac{[H^+]^2 K_{a1}}{[H^+]^3 + [H^+]^2 K_{a1} + [H^+] K_{a1} K_{a2} + K_{a1} K_{a2} K_{a3}}$$

$$\delta_{HPO_4^{2-}} = \frac{[HPO_4^{2-}]}{c} = \frac{[H^+] K_{a1} K_{a2}}{[H^+]^3 + [H^+]^2 K_{a1} + [H^+] K_{a1} K_{a2} + K_{a1} K_{a2} K_{a3}}$$

$$\delta_{PO_4^{3-}} = \frac{[PO_4^{3-}]}{c} = \frac{K_{a1} K_{a2} K_{a3}}{[H^+]^3 + [H^+]^2 K_{a1} + [H^+] K_{a1} K_{a2} + K_{a1} K_{a2} K_{a3}}$$

四项有共同的规律，分母相同，分子分别为分母中的某一项。式中的三个 Kai 值都是常数，它们分别是 pK_{a1}=2.12，pK_{a2}=7.20，pK_{a3}=12.36。

因为公式表达式比较复杂，反复输入时容易搞错，所以，将各个指定 pH 值的分母独立计算放在 F[Y]列中，四个分布分数从上到下分别放在 B[Y]、C[Y]、DY]、E[Y]列中，四列的计算公式直接调用 Γ[Y]的值作分母（Col（F）值），这样可以简化表达式。B-E列的计算公式见表 4-1。

表 4-1 磷酸体系分布分数计算公式总汇

变 量	列标名称	单元格名称	输入公式	取值范围
pH	A[X]	Col（A）	（i-1）*0.1	
$\delta_{H_3PO_4}$	B[X]	Col（B）	1/10^（3*Col（A））/Col（F）	
$\delta_{H_2PO_4^-}$	C[X]	Col（C）	1/10^（2.12+2*Col（A））/Col（F）	共 141 行，PH 从 0.0 到 14.0，PH 间隔为 0.1。
$\delta_{HPO_4^{2-}}$	D[X]	Col（D）	1/10^（9.32+Col（A））/Col·（F）	
$\delta_{PO_4^{3-}}$	E[X]	Col（E）	1/10^（21.68）/Col（F）	
分数分母	F[X]	Col（F）	见下式	

分 母： Col(F)=1/10^(3*Col(A))+1/10^(2.12+2*Col(A))+1/10^(2.12+7.2+Col(A))+1/10^(2.12+7.2+12.36)

2. 操作

（1）输入数据。

表格中新建 4 列，单击每列的列标，点右键，从菜单中选择 "Set Column Values"，在每列的公式窗口中输入上表中对应的公式，取值范围为 1 To 141。

提示：应先输入 A 列，生成 pH 值后，才能输入和计算其他各列的数值。A[X]列需明确输入取值范围 For 1 To 141，其他各列的公式窗口中可以保持默认的 For<Auto>To <Auto>，因为自变量已经确定了 141 行，则其他因变量就能认同 141 行及其位置了。

每输入一列公式，可以按下 "Apply"，数据即自动生成，然后，点击公式框上方的 ">>" "<<" 来切换要处理的列，也可以直接用鼠标单击要选择的列标来切换。

图 3-56 是 A 列 pH 值的公式输入窗口：

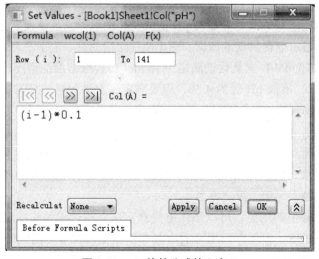

图 3-56 pH 值的公式输入窗口

（2）绘图。

单击 A 列列标，按下左键往右拉到 E 列，选中 5 列数据。单击左下部的直线图标"/"，即生成了分布分数曲线。见图 3-57。

（3）图形编辑排版。

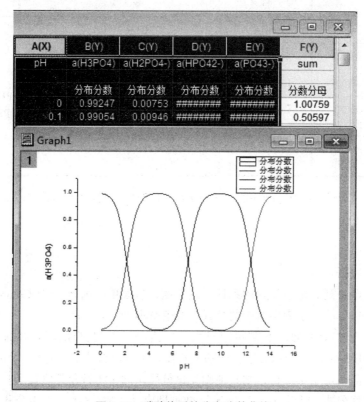

图 3-57　磷酸体系的分布分数曲线

3.3.8　酸碱滴定曲线与导数曲线

滴定曲线是滴定进程或滴定分数对 pH 值的变化曲线。它反映滴定过程中溶液 pH 值的变化规律，为选择指示剂提供理论依据。滴定曲线呈阶梯形，上下平台之间的 pH 差值称为滴定突跃。对于 0.10 mol/L 氢氧化钠滴定 0.10 mol/L 盐酸溶液的情况，当滴定至下平台时（滴定分数为 0.999），溶液 pH 值为 4.30，但要滴定到上平台时，只需要 1 滴氢氧化钠标准溶液就能达到，上平台溶液的 pH 值为 9.70，滴定分数为 1.001。虽然只有 0.04 ml 氢氧化钠的加入（不足 1 滴），但却能引起 5.40 个 pH 单位的变化，所以，称为滴定突跃，这个突跃恰好跨越了滴定计量点，一般酸碱滴定的化学计量点 pH 值在突跃 pH 范围的中点。选择合适的指示剂来指示滴定突跃的出现，从而终止滴定，是选择指示剂的基本原则。滴定突跃越小，指示剂变色越不灵敏，反之亦然。

对于滴定突跃较小的情况，可以采用电位滴定法，通过导数作图法来确定滴定终点，提高终点判断的灵敏度。本例介绍用 Origin 制作滴定曲线及导数曲线的方法。

例 3-10　制作氢氧化钠溶液滴定盐酸溶液的滴定曲线及导数曲线（酸碱溶液的浓度均

为 0.1000 mol/L)。

分析：根据酸碱滴定原理，用 0.1000 mol/L 的氢氧化钠标准溶液滴定 0.1000 mol/L 的盐酸溶液时，计量点 pH 值为 7.00。计量点前溶液的 pH 值应该按剩余盐酸浓度计算，计量点后溶液的 pH 值应该按过量氢氧化钠浓度计算。在分析化学中已经推导得到如下计算关系。

表 3-2　NaOH 滴定 HCl 溶液的 pH 计算表

	[H]	[OH]	pH	数据点
0.000-0.999	$\dfrac{1-\alpha}{1+\alpha}c$		$\lg\left\{\dfrac{\alpha+1}{(1-\alpha)c}\right\}$	1000
1.000	10^{-7}	10^{-7}	7.00	1
1.001-1500		$\dfrac{\alpha-1}{1+\alpha}c$	$14.00+\lg\left\{\dfrac{\alpha-1}{1+\alpha}c\right\}$	500

用第一列 a 和第四列 pH 作图，滴定曲线为分段函数，pH 值需要按三个公式计算。在 Origin 中的数据填充见表 3-3，a 值放在 A[X]列，该列单元格名称为 Col（A），pH 放 B[Y]列，该列的单元格名称为 Col（B）。

表 3-3　滴定度α与 pH 值的表格填充公式

	Col（A）=	PH	Col（B）=	数据点
0.000-0.999		$\lg\left\{\dfrac{\alpha+1}{(1-\alpha)c}\right\}$	log ((Col（A）+1)/(1-Col（A))/0.1)	1000
1.000	0.001* （i-1）	10^{-7}	7.00	1
1.001-1500		$14.00+\lg\left\{\dfrac{\alpha-1}{1+\alpha}c\right\}$	14.00+log ((Col（A）-1)/(1+Col（A))*0.1)	500

1. 滴定曲线制作

（1）用公式填充数据。第 A[X]列填充公式窗口设置见图 3-58。

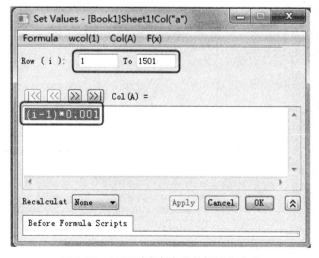

图 3-58　A[X]列滴定度的数据填充公式

pH 值的数据填充公式（计量点前，a=0～0.999），见图 3-59。

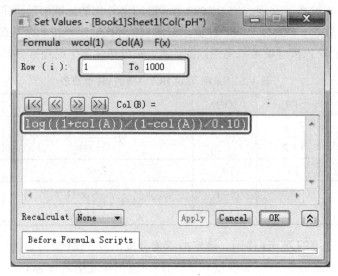

图 3-59　B[Y]列 pH 的数据填充公式

在图 3-56 数据填充公式面板中，将行号改为：1001 To 1001，公式表达式中输入：7.00，点"Apply"，单元格 Col（B）[1001]中便填充了"7.00"，即为化学计量点处的 pH 值；再将行号改为：1002 To 1501，公式表达式中输入：14.00+log((Col(A)-1)/(1+Col(A))*0.1)，点"Apply"，Col（B）[1002]到 Col（B）[1501]的单元格中便填充了计量点后与滴定分数对应的各个 pH 值了。然后，按"OK"，完成填充。

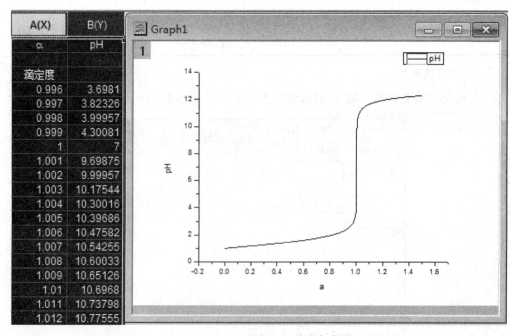

图 3-60　NaOH 滴定 HCl 的滴定曲线

（2）检查填充结果是否正确。

主要检查几个关键值,第一行为 HCl 的原始浓度,pH 值应该为 1.0;当滴定分数为 0.999,即第 1000 行的 pH 值应该接近 4.3;滴定分数为 1.001,即第 1002 行的 pH 值应该接近 9.7;化学计量点在第 1001 行,pH 值应该为 7.0。只要这四个数据正确,前面设置的计算公式应该是正确的。

（3）绘图。

单击 A 列列标,按住 Shift 键（本例也可按 Ctrl 键）,再单击 B 列,将两列数据选中。对于相连的多列,也可以用鼠标按住左列的列标,往右拉动到最右边的数据列,松开左键,多列就被选中。被选中的列虽然也包括空的单元格,但不影响作图。

选中 A-B 列后,点击左边底部的直线图标"/",系统就自动生成滴定曲线了,见图 3-60。

（4）图形编辑。

添加坐标标题和图形标题,修改坐标取值范围及分度值。在曲线上进行一些标记（诸如突跃点 pH 值、计量点 pH 值、三点计算公式、指示剂选择范围等）。

2. 导数曲线制作

（1）选择 A 列和 B 列数据。操作同上。

（2）曲线微分。

点菜单栏的"Analysis/Mathematics/differentiate",即弹出如下窗口,图 3-61,建议微分后绘制微分曲线（导数曲线）,请在底部画图处打勾。微分数据放在新建的一列表格中。

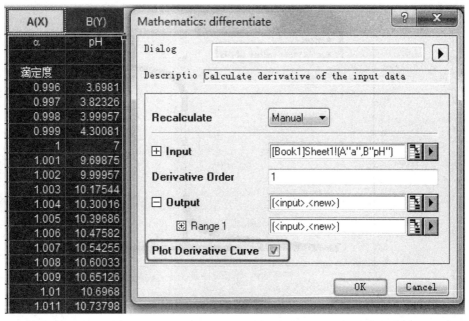

图 3-61　微分设置窗口

按下设置窗口中的"OK",立即生成微分曲线,即导数曲线,见图 3-60。同时在 C[Y] 列新增一列数据,这就是求导后的导数值,同样与滴定度一一对应。

（3）合并绘图。

要将微分曲线与滴定曲线合并在一个坐标面板中显示时,选择三列数据后,重新绘图,按双 y 坐标模板绘图，因为微分曲线的 y 轴取值范围较宽，不宜与滴定曲线合相同的 y 轴。

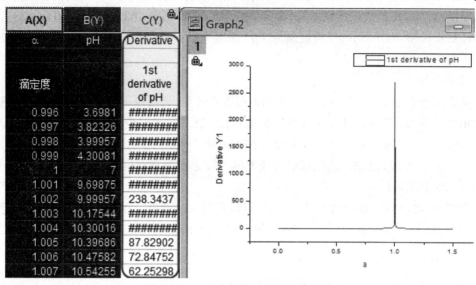

图 3-62　NaOH 滴定 HCl 的导数曲线

用双 y 坐标模板绘制的滴定曲线-导数曲线，见图 3-63。

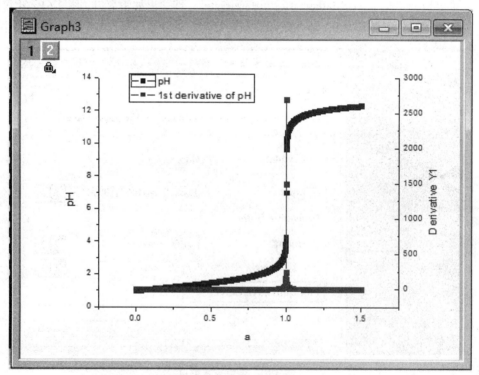

图 3-63　滴定曲线与导数曲线合并图（默认设置）

该图为系统默认的设置，曲线为点-线图，数据点较大，不甚美观。可以修改曲线类型为光滑曲线。简单的方法是：单击图形选中，点击左下角的作图图标"/"，滴定曲线即变为光滑曲线了，再单击导数曲线选中它，再点"/"，两条曲线即变为光滑曲线了，见图 3-64。

（4）曲线编辑。略。

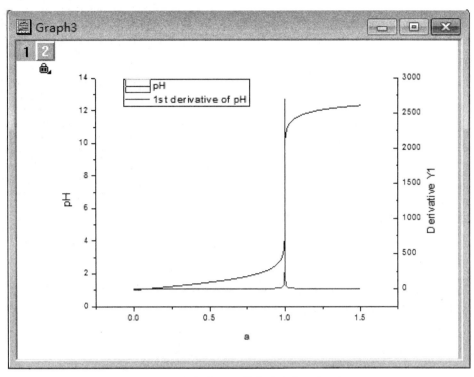

图 3-64　滴定曲线-导数曲线（光滑处理）

3.3.9　图形数字化操作

某些老式仪器由于软件比较陈旧，测定样品后只能打印纸质图片，不能输出图形的数字文件，这会给需要这些图形的论文作者带来一些麻烦，因为，打印件再扫描的电子图片多不清晰，也无法再编辑。Origin 提供了图形数字化的功能，可以将打印图片扫描的电子图片粘贴到 Origin 中，用手工"取点"的方法，沿着曲线逐点取值，获得曲线上各点的坐标值，并保存在新建的表格中，再用该表格的数据进行常规绘图，得到比较清新的数字曲线。这就是图形数字化的过程。

步骤：打开 Origin 软件，从工具栏上点"New GrapH"图标，新建一个图形文件，在打开的图形编辑窗口中，粘贴要数字化的图片，见图 3-65。

通过缩放和移动位置，让原图片的坐标尽量与 New GrapH1 给定的坐标吻合。点击左边工具箱中获取数据的工具图标（见截图上的所示图标），将鼠标移动到曲线的端点，确定已正确压在曲线上时单击鼠标，该点的坐标值即会显示在上方的坐标显示框中，要获取该坐标值时，双击鼠标，即取得一对坐标值数据，该数据自动添加到新生成的 Book1 中，然后沿着曲线再移动鼠标，再双击，得到第二对坐标值，按此方法沿着曲线不断移动和双击，不断获取曲线坐标值。"走"完曲线后，就获得了一批曲线的坐标值。含坐标值的表格可以按常规方法保存，作图。

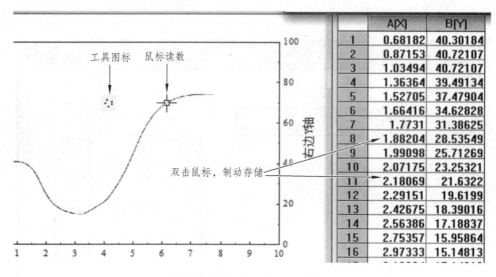

图 3-65　扫描曲线进行数字化处理（提取坐标值）

图 3-65 是左边曲线获取的数据。利用该表再作图，效果就比扫描图片美观，而且可以进行各种图形编辑，包括数字标记、曲线平滑等操作。

图形数字化时，保证曲线获取数据尽量多，点与点之间尽量稠密，这样，才能保证以后绘制的图形不失真。

3.3.10　测量图形中的峰面积

Origin7.5/8.0 中都含自动计算峰面积的工具。

峰面积的计算是指计算基线与峰形曲线围成的面积。如果仪器绘制的图形本身已有基线，可以使用该基线计算，如果没有基线或按基线计算不合理，可以指定定义一条基线。测定峰面积的步骤包括如下几步。

1. 创建和编辑一条基线

创建的基线与曲线能围成一个封闭图形，只有具有封闭形状的曲线图才能计算面积。

编辑基线的目的是让基线与图形曲线围成的区域符合分析方法的要求。例如，色谱峰的峰高和基线有特定的作图方法来计算和制作。如果要测量色谱峰面积，就要按不同类型的色谱峰规定的基线画法来制作基线，然后，才能计算峰高。

让系统默认方法创建基线后，通过 "Modify"（修改）来调整基线的高度和斜度，然后，再点击 "Substract"（扣除基线），即可确定最后的基线位置。

2. 计算面积

转到 "Area"（面积）项目，点 "Use Baseline" 按钮，即会弹出计算结果的信息框，文本框左边的值就是面积（Area）。

请看下面的实例处理（以 Origin7.5 进行处理）。

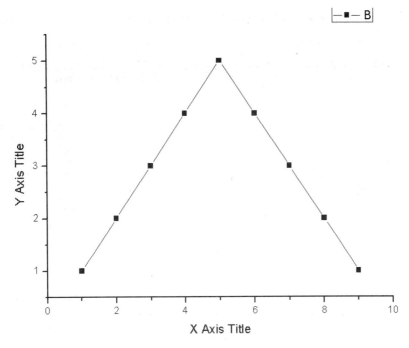

图 3-66　实验曲线原型

将该曲线图作为当前窗口，单击菜单栏的"Tools/Baseline"（取基线）。

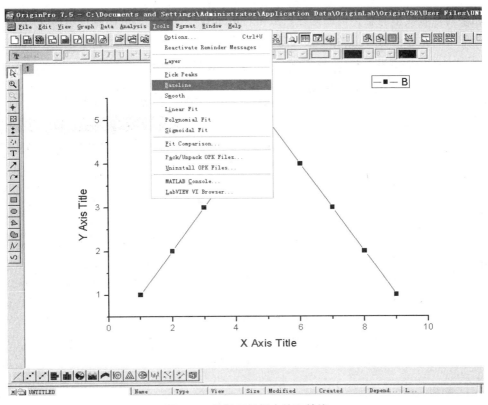

图 3-67　选择工具栏中的取基线

弹出对话框后，点击对话框中的"Baseline/Create Baseline"，即出现一条红线。

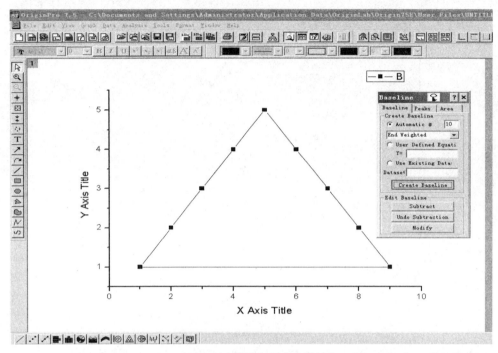

图 3-68　创建基线后生成红色基线

如果对该基线不满意，可以修改，点击"Modify"（修改），会出现可以修改的点（黑点可以上下、左右移动），点的个数可以自己设定，见对话框右上角，默认是 10 个。

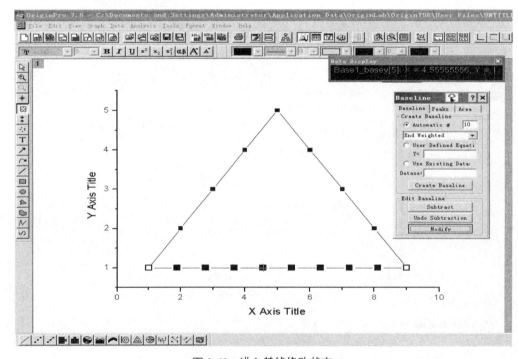

图 3-69　进入基线修改状态

用鼠标按住任一个点上下或左右移动，通过逐个地移动来移动基线，最终基线应该是直线，而不是拆线。

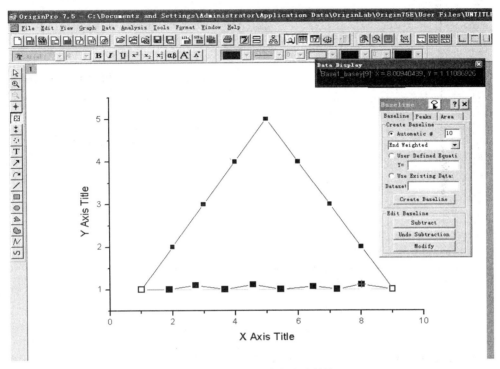

图 3-70　移动每个点来移动基线

修改完后，点"Substract"，即以该基线对谱图进行了修改，基线位置被固定。

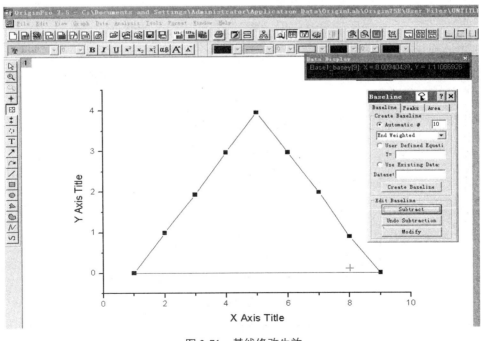

图 3-71　基线修改生效

将对话框上的项目选为"Area"，见图 3-72 中的右上角。

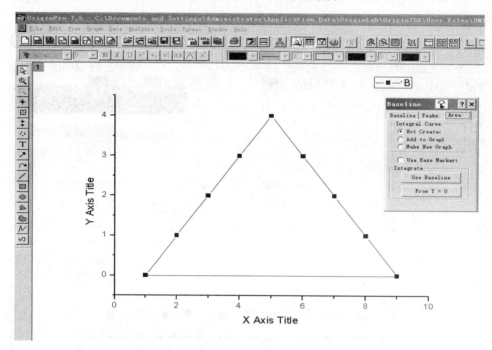

图 3-72　基线与曲线围成封闭图形

点击"Use Baseline"，即生成了含面积值的报告框，在报告框的左边为"Area"（面积），对应的值即为面积值（本例为 16）。

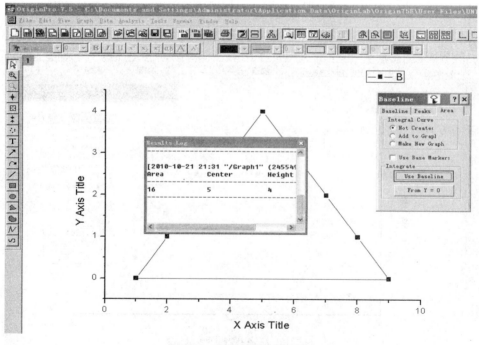

图 3-73　利用基线计算面积

对于多峰面积的计算，系统是这样处理的。先制作基线。

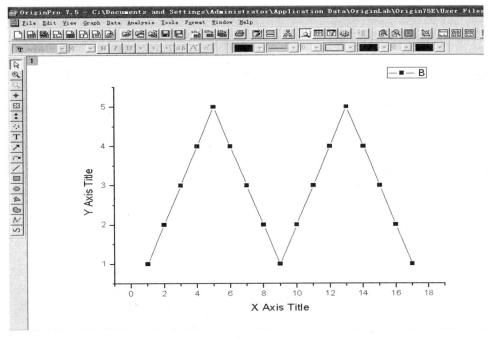

图 3-74　多峰图形示例

先要对其进行基线扣除，方法同上。得到扣除基线后的曲线，如图 3-75。

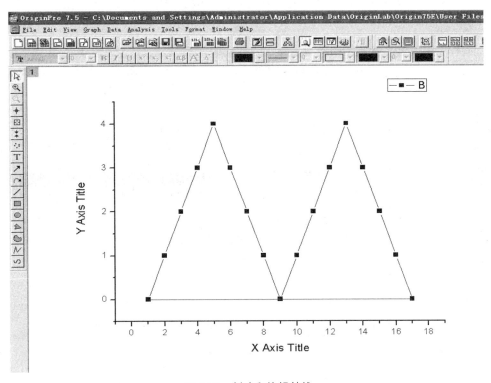

图 3-75　创建和编辑基线

然后，单击"Analysis"工具栏下的多峰拟合选项，如下：

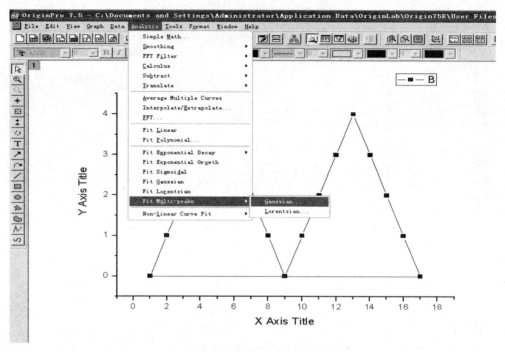

图 3-76 选择多峰的高斯拟合法

跳出对话框，需要输入拟合的峰数，如"2"，单击"OK"。

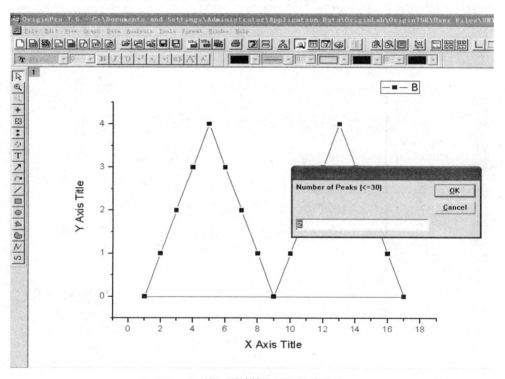

图 3-77 输入要计算峰面积的峰数目

出现对话框，提示输入初始半峰宽，一般默认，不修改，如下：

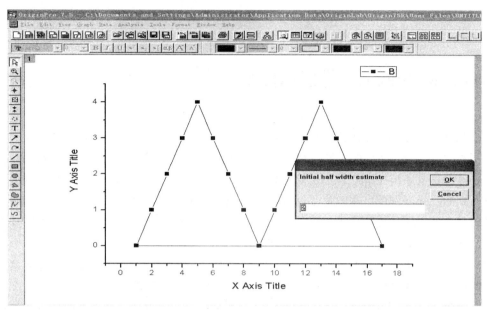

图 3-78　输入半峰宽的值（默认值）

点击"OK"，鼠标变成"+"形，这时需要指定可能的峰位置（尽可能选准确），在选定位置双击鼠标，多少个峰就选定几个位置，选完后，软件自动进行峰拟合，得到如下拟合出的曲线，同时跳出对话框，得出每个峰的面积，如下：

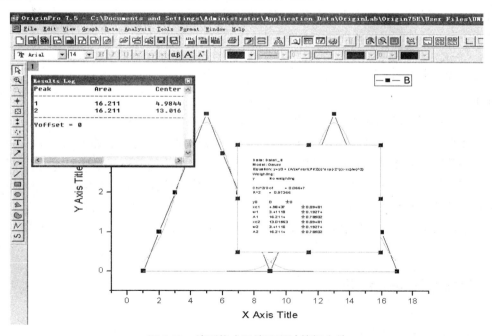

图 3-79　峰形拟合及峰面积计算报告单

4 Internet 与网上化学信息检索

互联网，曾被形象地定义为信息高速公路。的确，互联网给我们提供了数量巨大、内容丰富的信息资源，而且大多数信息都是免费使用的，我们需要什么信息，只要搜索一下，数以百计的信息条链接瞬间就会呈现在你面前，可以毫不夸张地说，只有你想不到的，没有查不到的。互联网的出现改变了社会生活、改变了生产、科研、社会管理和社会服务、商贸的理念和方式，也改变了教育的理念和方式。今天的互联网，信息资源在滚雪球般地增加，功能在不断地增加和扩大，尤其在智能手机出现后，它已经完全地融入了每个人的生活，成为一个集信息资源，社会交流，电子商务，在线学习和社会服务为一体的信息系统。在现代化学教育与科研中，互联网给我们提供了如下的资源和功能：

1、数量巨大的文献资源。无论是教学还是科研，我们可以从互联网上以免费或付费形式查到所需要的期刊文献、专利文献，电子图书，可以从国内外专业数据库中查到各种物质的物理、化学性质和结构性质、波谱资料。

2、形式多样的交流平台。社交网站资源，如 QQ 及 QQ 群、微信、Skype、MSN 等，几乎都是免费开放的，利用它们，可以建立化学交流平台，共享化学资源、在线或离线群聊化学问题。另外，各种免费的专业论坛，也让我们有机会参与科研、学习和生活的讨论，拓展了话题、增加知识，获得其他人的帮助。

3、个人或集体资料共享与交流。一些大型网站提供的以网盘为主的免费空间，使我们有条件在网上建立个人的或集体的电子资料库、电子图书馆，供学习圈子里的师生查阅、下载使用。

4、内容丰富的课程网站。网络教学是传统教育的补充，互联网上有大量的精品课程网站、精品视频网站，绝大多数学校的校园网都有本校的课程中心，在课程中心即有高水平的"舶来品"网络课程，也有大量的校本网络课程。我校课程中心就建有无机化学、分析化学、有机化学、物理化学、结构化学、天然产物资源等课程资源。学生可以在内网和外网访问，可以在电脑客户端和手机客户端访问课程网站。实现网络教学和交流互动。

本章将围绕以上应用介绍英特网资源及其在化学中的应用。

4.1 化学期刊网上资源

期刊文献是化学资源的主要资源。国内的化学期刊几乎都已上网，知名的化学期刊一般都有独立的、自己的专业网站，一些重要的国内期刊的网址如下。

《分析化学》：http://www.analchem.cn/

《高等学校化学学报》http：//www.cjcu.jlu.edu.cn/index.htm

《化学学报》http：//sioc-journal.cn/CN/volumn/current.shtml

《有机化学》http：//sioc-journal.cn/Jwk_yjhx/CN/volumn/home.shtml

《催化学报》http：//www.chxb.cn/CN/volumn/current.shtml

《无机化学学报》http：//www.wjhxxb.cn/wjhxxbcn/ch/index.aspx

《物理化学学报》http：//www.whxb.pku.edu.cn/CN/volumn/current.shtml

《化学通报》http：//hxtb.qikann.com/

《化学物理学报》http：//hwxb.ustc.edu.cn/index-ch.htm

《中国化学快报》http：//www.chinchemlett.com.cn/EN/volumn/home.shtml

《色谱》http：//www.chrom-china.com/CN/volumn/current.shtml

《化工学报》http：//www.hgxb.com.cn/CN/column/column329.shtml

《分子科学学报》http：//www.fzkxxb.cn/

《中国化学工程学报》http：//www.cjche.com.cn/EN/volumn/home.shtml

绝大多数期刊都进入了国内几个大的期刊群网站，目前，国内收录最多、期刊最全的期刊群官方网站是中国知网（http：//www.cnki.net/），其次是万方数据知识服务平台网（http://www.wanfangdata.com.cn/），此外，重庆维普网（http://www.cqvip.com/）也收录了很多电子期刊，尤其是自然科学期刊。不少期刊文章也会被收录到其他一些网站收录，例如，百度学术，豆丁网等，但没有上述的三大网站那样系统、完备，建议从中国知网上下载。

国外期刊网最广泛又最权威的是荷兰的爱思唯尔网（https：//www.elsevier.com/）。爱思唯尔（Elsevier）是世界上最大的医学与科学文献出版社之一，创办于 1880 年，属于 RELX集团旗下，总部位于阿姆斯特丹。每年超过 35 万篇论文发表在爱思唯尔公司出版的 2000种期刊中。爱思唯尔旗下的 ScienceDirect 数据库是一个学术数据库，它收录的论文被全世界的用户广泛阅读和下载。是科研人员使用最多的论文数据库。

4.1.1　中国知网的查阅

中国知网的论文有期刊论文，还有优秀博士、硕士论文。所有论文只提供标题、作者、摘要等基本信息的免费阅读，不提供全文免费下载。点击 http：//www.cnki.net，即可进入中国知网的主页。

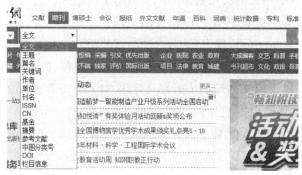

图 4-1　中国知网首页

中国知网除期刊和博硕论文外，还有专利、标准、外文文献等，内容非常丰富。

在首页，可以直接进行检索。检索设置包括文献类别，论文基本参数类别（如作者、篇名、主题、关键词等），设置合适的检索类别和范围，能够很快检索到所需的资料。设置好检索类别和范围后，在检索栏中输入标题或检索词，即可检索到相关的论文信息。例如，要检索"生物矿化"相关的期刊论文，则在论文参数类别中可以选择关键词或篇名，在检索栏中输入"生物矿化"，然后，点右边的"检索"按钮，即可显示出图 4-2 的检索结果。

图 4-2 表明，篇名中含"生物矿化"字样的期刊论文共有 268 篇，网页上每页显示 20 篇，你可以设成显示 50 篇或 10 篇。点篇名链接，就可以打开该论文的摘要部分，免费阅读。

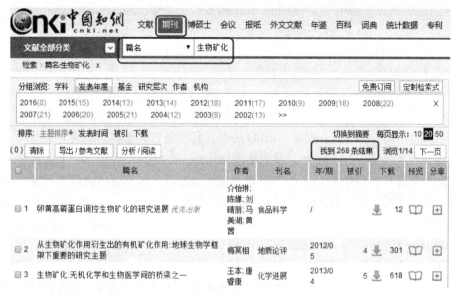

图 4-2　普通检索实例

点击篇名，进入摘要显示页面，见图 4-3。

在论文免费阅读页面上，可以阅读摘要和浏览图表。摘要下面还建立了大量相关文献的链接，可以直接进入到其他论文的标题摘要阅读页面。

页面的左上角有三个链接，分别是 CAJ 格式、PDF 格式的原文下载，以及 CAJ 格式的文档阅读器下载（CAJViewer 下载）。CAJ 格式是中国知网自创的格式，必须安装 CAJViewer 软件才能阅读。而 PDF 格式的文档则是国际上通用文档格式，大多数个人电脑中都会安装 PDF 文档阅读器，所以，建议下载 PDF 格式的文档。

PDF 格式首先由 Adobe 公司提出和制定标准，该公司发布的 Adobe Reader 是最早的 PDF 阅读器。除 Adobe Reader 外，网上还有很多大小不等的阅读器，国人编写的福昕 Foxit Reader 阅读器比较有名，当然还有文件较小（通常只有几 M）的阅读器。由于绝大多数人仅仅是用 PDF 阅读器阅读 PDF 文件，它的大多数功能是用不到的。所以，安装一个小的 PDF 阅读器即可，例如，小新 PDF 阅读器，只有 4.3M，它除能阅读、标记外，同样能提供打印功能，完全能满足个人需要。PDF 文档原则上是不能再编辑的，使用 PDF 编辑工具可以进行简单的文字编辑和排版。

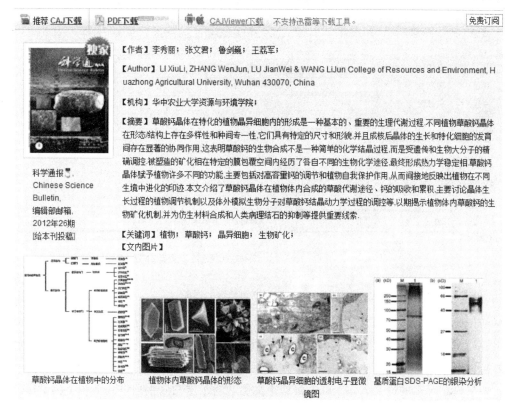

【作者】李秀丽；张文君；鲁剑巍；王荔军；

【Author】LI XiuLi, ZHANG WenJun, LU JianWei & WANG LiJun College of Resources and Environment, Huazhong Agricultural University, Wuhan 430070, China

【机构】华中农业大学资源与环境学院；

【摘要】草酸钙晶体在特化的植物晶异细胞内的形成是一种基本的、重要的生理代谢过程.不同植物草酸钙晶体在形态结构上存在多样性和种间专一性,它们具有特定的尺寸和形貌,并且成核后晶体的生长和特化细胞的发育间存在显著的协同作用.这表明草酸钙的生物合成不是一种简单的化学结晶过程,而是受遗传和生物大分子的精确调控.被塑造的矿化相在特定的膜包覆空间内经历了各自不同的生物化学途径,最终形成热力学稳定相.草酸钙晶体赋予植物许多不同的功能,主要包括对高容量钙的调节和植物自我保护作用,从而间接地反映出植物在不同生境中进化的印迹.本文介绍了草酸钙晶体在植物内合成的草酸代谢途径、钙的吸收和累积,主要讨论晶体生长过程的植物调节机制以及体外模拟生物分子对草酸钙结晶动力学过程的调控等,以期揭示植物体内草酸钙的生物矿化机制,并为仿生材料合成和人类病理结石的抑制等提供重要线索.

【关键词】植物；草酸钙；晶异细胞；生物矿化；

【文内图片】

科学通报.
Chinese Science
Bulletin,
编辑部邮箱,
2012年26期
[给本刊投稿]

草酸钙晶体在植物中的分布　植物体内草酸钙晶体的形态　草酸钙晶异细胞的透射电子显微镜图　基质蛋白SDS-PAGE的银染分析

图 4-3　免费阅读的论文内容（摘要）

在中国知网中检索论文时还可以采用高级检索。点击检索页面上部右边的"高级检索"，弹出图 4-5 所示的页面。

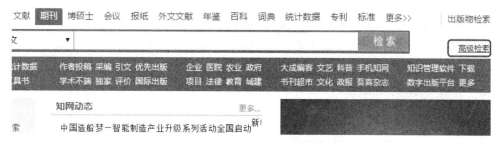

文献　期刊　博硕士　会议　报纸　外文文献　年鉴　百科　词典　统计数据　专利　标准　更多>>　　出版物检索

文　　　　　　　　　　　　　　　　　　　　　　　　　　检索　　高级检索

计数据　作者投稿　采编　引文　优先出版　企业　医院　农业　政府　大成编客　文艺　科普　手机知网　知识管理软件　下载
具书　学术不端　独家　评价　国际出版　项目　法律　教育　城建　书刊超市　文化　政报　吾喜杂志　数字出版平台　更多

索　　知网动态　　　　　　　　　　　　更多...
　　　中国造船梦－智能制造产业升级系列活动全国启动　新!

图 4-4　期刊检索页面上的"高级检索"

高级检索可以将多个检索条件组合在一起，使检索到的内容更接近用户的要求，加快检索速度。检索条件可以同时包括主题、题名、关键词、摘要、出版时间、作者、作者单位、文献来源（期刊名等）的检索词条。检索条件中以篇名、关键词最为常用，因为它们对应的文章信息字数最少，能很快检索到你所需要的主题。如果你要跟踪某个主题的最新研究论文，又知道该领域的领军人物，则可以追加作者、作者单位的词条。如果要检索的是某种方法、或技术在某研究领域的应该，但没有形成一个鲜明的研究主题，则可以从关键词、摘要条目来设置检索词组，标题等其他条目可以空。

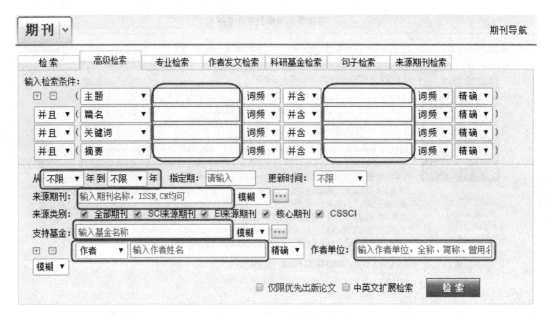

图 4-5　期刊高级检索的界面

切记，一个检索词条或词组不要太长、太复杂，尤其不要写成一句话或一个正式的标题名，检索词字数越多，内涵越复杂，越难找到符合要求的文章，除非某一篇论文的题目刚好与你检索的一致，但这是一个小概率事件。

如果检索出来的论文太多，可以根据论文主题的领域归属来划定几个相关的学科领域，剔除无关的领域，可以减少无用的论文，缩短检索时间。例如，化学应用相关的领域，应该剔除全部文科领域，信息科学、经济与管理科学领域，还可以剔除"基础科学"，其他学科领域，可以展开子目录，将不相关的目录条目的勾去掉，然后再检索。

中国知网也提供外文文献的检索，在首页上部的文献类型中，点击"外文文献"，在检索栏中输入检索词后，即可检索外文文献，还可以点击上部右边的"高级检索"，允许输入四组检索词（每组共 2 条），使检索到的论文更接近我们的要求。

4.1.2　万方数据期刊检索

万方数据知识服务平台的网址是：http：//www.wanfangdata.com.cn/。

万方数据的首页包括检索、资源、服务三个大栏目。

如果检索时不限于论文的来源类型，可以直接在上部"学术论文"检索栏中输入检索词，这样检索到的论文就比较丰富，但一次检索的时间会略长，如果只想在期刊论文中或学位论文中检索，则可以点"学术论文"右侧的"≡"，出现如图所示的下拉菜单，再点其中的"期刊"或"学位"，就可以将检索范围局限在指定的论文资源中。

检索论文只需在默认的"检索"栏目下进行，如果点"资源"，则检索栏变为资源栏目，再单击上部的资源栏即可进入对应资源的检索页面（其实，仍然进入检索页面，只是资源不再是任意，而是指定资源）。检索方法同上。

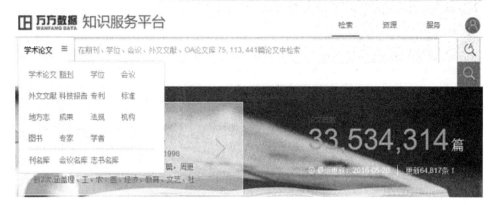

图 4-6　万方数据首页（局部）

检索结果显示包括：题目、作者、摘要等。单击标题，即可进入完全的标题、作者和摘要显示，在页面的左上角有下载和查看全文的图标 📄📖↗🔔⅗，单击即可进入下载或下载阅读的界面。当然，下载和阅读全文都必须付费，会自动弹出付费提示。

圆二色谱研究胶原模拟多肽三螺旋结构及其热稳定性

Study of Collagen Mimetic Peptide's Triple-Helix Structure and Its Thermostability by Circular Dichroism

📄📖↗🔔⅗

摘要　胶原是广泛研究和应用的生物材料，具有独特的三螺旋结构，此结构与其生物学性能密切相关。以胶原模拟多肽（collagen mimetic peptide，CMP）作为胶原的模型分子，通过圆二色谱研究了CMP的三螺旋结构、热稳定性等随序列或长度的改变所发生的规律性变化。根据形成胶原三螺旋结构的重复序列（POG）n及胶原上α2β1整合素识别位点序列GFOGER设计五种不同序列或长度的CMP，采用圆二色谱表征了CMP的三螺旋结构，并通过检测CMP的程序升温变性和程序降温复性过程中圆二色谱的变化，研究了CMP三螺旋结构的热变性过程、解链温度以及复性过程。实验结果显示，五种CMP室温下均以三螺旋结构的形式存在，CMP三螺旋结构的热稳定性随POG的个数增加而增强；不同于胶原，CMP三螺旋结构的热变性是可逆的，升温过程中三螺旋解聚（变性），降温过程又可重新组装（复性），复性过程有明显的"磁带"现象。研究结果可为进一步研究胶原与CMP分子特征性的三螺旋结构形成规律以及基于CMP的人工类胶原生物材料的研究提供依据。

Abstract: ⌄

图 4-7　检索到的论文免费信息

下载中文论文，登录后系统会自动从账户存款中扣费，或通过手机话费来付费。如果检索的是外文文献，则点击标题后可以进入国外的期刊商业网站，按要求付费下载（论文页面有付费金额，以$币种付费，万方数据不提供外文论文的直接下载。万方数据的论文格式只有 PDF 格式。

4.1.3　维普网

维普期刊网自称是"仓储式在线出版平台"，它收录了 15 000 多种期刊，5 700 余万篇论文，同时，它还提供在线发表论文的服务，并能检索外文文献。

图 4-8　维普网首页（局部）

检索论文时，可以直接在首页顶部检索栏输入检索词，检索栏下面有四个选项。如果要进行精细检索，提高检索论文的相似度，可以使用检索栏右边的"高级检索"。

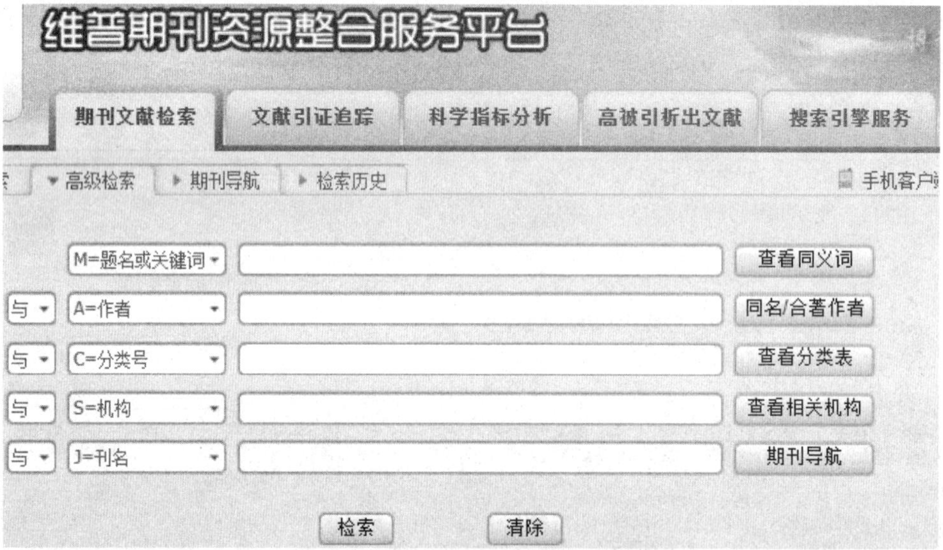

![图 4-9 维普期刊资源整合服务平台界面]

图 4-9　维普期刊高级检索界面

高级检索可以同时提供 5 项条件，通过条件栏的下拉三角，可以修改检索条件，可以有多个条件属于同一属性，例如，两个词条均为关键词，或者标题。这样，检索速度就比较快。

其实，知网、万方数据、维普数据的高级检索方法都是相同的。在此不再赘述。

4.1.4　爱思唯尔网

进入爱思唯尔网站，可以检索期刊、图书等电子资料。当检索到期刊时，点击期刊图片，即可链接到爱思唯尔出版社旗下的 ScienceDirect 科研学术网，在该学术网上可以阅读和下载论文，而在爱思唯尔网上只能检索到期刊名及相关介绍。

点击 https：//www.elsevier.com/journals/title/all 进入爱思唯尔的期刊主题页面，非常简洁，见图 4-10。

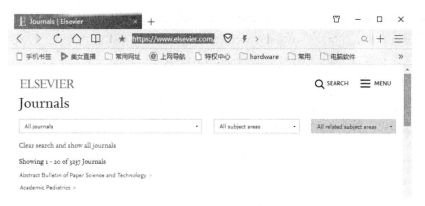

图 4-10　Esevier 期刊的标题页面

点左边下拉框，展开后可以按字母顺序筛选期刊（Journal start with A、B、C），知道期刊的名称（只检索英文等其他语种的期刊），就可以只列出含开关字母的一组期刊名。点中间下拉框，展开各类主题，可以根据期刊的归属来指定主题，例如，Chemistry，Chemistry Engineering 等，这样可以缩小范围，很快找到用户关心的期刊。例如，如果主题为"Chemistry"，期刊名首字母为"C"，即选 Journal start with C，则可以检索到 38 份化学相关的期刊。

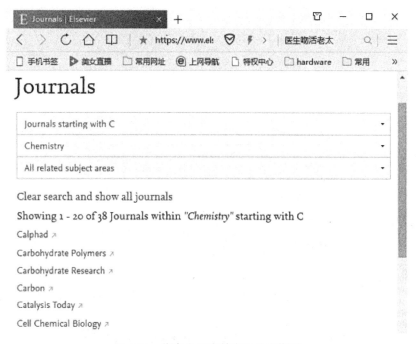

图 4-11　指定主题和首字母检索期刊

点击页面上的期刊名称，即可打开该期刊的首页。该期刊的封面图标一般在右上角，点击该图标即可打开该期刊在 ScienceDirect 网站上的页面，浏览该期刊的文章。查阅爱思唯尔网上的论文时，实际上是被链接到 ScienceDirect 上检索。通常，可直接进入 ScienceDirect 网站进行检索和阅读。下面是使用 ScienceDirect 检索时的几个网址：

ScienceDirect 首页：http：//www.sciencedirect.com/

高级搜索页面：http：//www.sciencedirect.com/science/search

期刊目录页面：http：//www.sciencedirect.com/science/journals

进入 ScienceDirect 首页，会出现一个非常简洁的页面，见图 4-12。

图 4-12　ScienceDirect 首页上的搜索窗

在这里，可以进行关键词、作者、期刊或书名的检索，还可以直接检索指定期刊或书的卷、期、页码的内容。

点击普通检索条底部的"Advanced search"，即进入高级检索页面，见图 4-13。

在高级检索中，可以从 12 项限制条件（包括领域、标题、关键词、作者、作者单位、出版期刊等，点击黑色小三角打开下拉菜单选择）中同时输入两项检索词，还可以指定学科归属和出版年份，使选择更快捷、更精准。

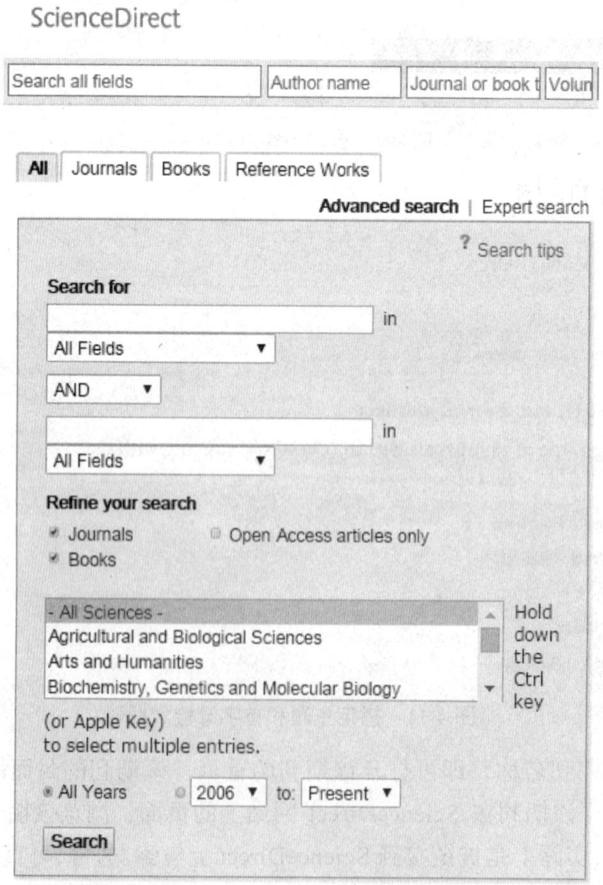

图 4-13　ScienceDirect 的高级检索界面

检索实例：拟检索镍催化剂相关的论文，可以将输入 catalysis 和 nickel，并且（and）从 title 中检索，将"Book"前面的勾去掉，点击"Search"，即转到检索结果的页面，见图 4-14，共有 83 篇论文，包括收费和开源（Open Access）论文。

检索结果的页面中，可以点右上角的"All access types"右侧三角，选择开源文章（Open Access articles），或存档文章（Open Archive articles）。前者是可以免费阅读和下载全文的。

蓝色文字为标题及链接，标题后面的内容是刊登论文的源期刊名称。点击"Parchase"链接，可以付费下载，如果在访问类型中选择了开源论文，则下载不收费。点击蓝色标题，即进入摘要及论文相关信息的页面，包括：标题、作者、单位、下载链接（及收费）、摘要、论文中的图表等。与中文期刊的检索结果类似。

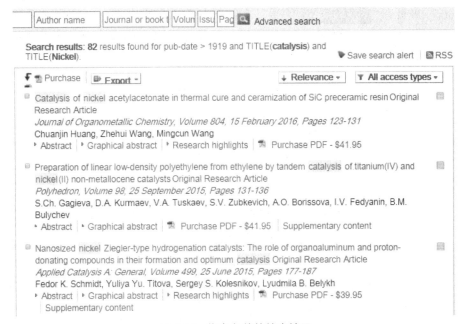

图 4-14　指定条件的检索结果

ScienceDirect 中有一些期刊是开源期刊（Open Access），在期刊扉页上有"Supports Open Access"或"Open Access"的字样，例如，分析化学研究期刊（Analytical Chemistry Research），在扉页上就有"开源期刊（Open Access）"字样，论文都可以免费阅读和下载。见期刊截图图 4-15 中左下角的 Open Access 。

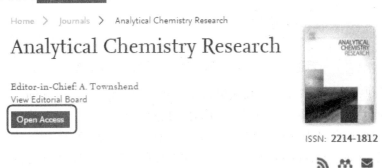

图 4-15　Analytical Chemistry Research 杂志首页截图

打开开源论文后，在网页上能够显示论文的全部内容（包括图、表）。点击页面左上角 PDF 图标右边的下载链接 [Download PDF]，即可下载 PDF 格式的论文全文。下面的链接是论文 "Determination of thermodynamic parameters for enolization reaction of malonic and metylmalonic acids by using quartz crystal microbalance" 的阅读页面。

阅读链接：http：//www.sciencedirect.com/science/article/pii/S2214181216300040 （上述论文），注意看左上角的下载链接。

《分析化学研究》链接：http：//www.journals.elsevier.com/analytical-chemistry-research/

《塔兰塔》链接：http：//www.journals.elsevier.com/talanta

有期刊提供部分论文的免费阅读和下载，即部分开源。例如，分析化学领域的著名期刊 "Talanta"，扉页有 "[Supports Open Access]"，在首页中可以找到 "Recent Open Access Articles"（见图 4-16），点击下面的看所有文件（View All Articles），即可进入标题、摘要浏览页面，点击标题，可以打开全文。

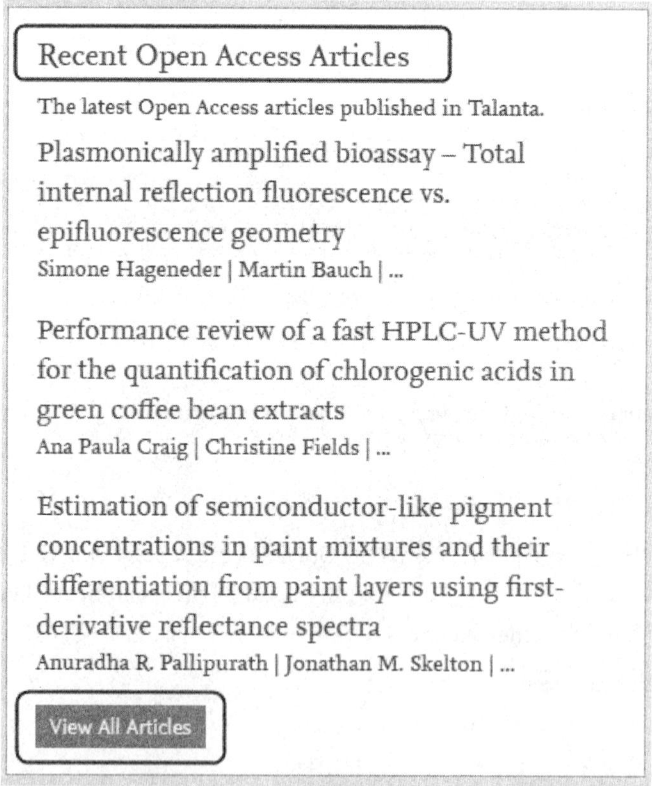

图 4-16　Talanta 首页开源文章的免费阅读链接

有期刊提供部分试读文章，一般在期刊首页中有 "Sample Issue Online" 字样，点击链接，即可查看免费阅读的论文。对于期刊内容与用户研究课题相关度较高的情况，这种从 "Sample Issue Online" 查找免费论文的方法也可以查到有用的免费论文。

例如，期刊 "Carbohydrate Polymers"，进入它的首页，可以看到该期刊支持开源（Supports Open Access），并提供 "Sample Issue Online"。

期刊网址：http://www.sciencedirect.com/science/journal/01448617

期刊首页截图见下图 4-17。

图 4-17

4.1.5 其他免费期刊

近年来，美国科研出版社，在网上还推出了大量的开源期刊，它主要从事英文图书和学术会议论文集的出版与检索，以及专业学术期刊的出版发行。它涉及的学科领域非常广泛，期刊数目不少，但论文水平参差不齐，总体偏低。网址是：http://www.scirp.org

化学与材料科学类期刊网址是：

http://www.scirp.org/journal/CategoryOfJournal.aspx?CategoryID=3

国内的"中国科技论文在线"（http://www.paper.edu.cn/），也是一个免费期刊网，它是经教育部批准，由教育部科技发展中心主办，针对科研人员普遍反映的论文发表困难，学术交流渠道窄，不利于科研成果快速、高效地转化为现实生产力而创建的科技论文网站。中国科技论文在线利用现代信息技术手段，打破传统出版物的概念，免去传统的评审、修改、编辑、印刷等程序，给科研人员提供一个方便、快捷的交流平台，提供及时发表成果和新观点的有效渠道，从而使新成果得到及时推广，科研创新思想得到及时交流。"中国科技论文在线"严格讲，不算正式发表，它只是给研究人员提供一个"抢占科研成果优先权"的准发表平台。因为在线发表以后，仍然可以在其他正式期刊上发表，所以我们称之为"准发表平台"。

该网站中发表的论文水平也是参差不齐的，因为没有经过传统的、严格的评审、修改等程序，"出版比较仓促"，但仍然有很好的参考价值，最主要的是完全免费阅读和下载。

"中国科技论文在线"的论文检索与中国知网、万方数据的论文检索相似，不再赘述。

4.2 化学数据库资源

中国国家科学数字图书馆化学信息网（http://chemport.ipe.ac.cn/index.shtml，简称 CHIN），是一个化学信息量非常丰富的专业网站，该网页有选择地链接了100多个可以免费访问的各种化学数据库，其中有些数据库是非常规范并具有专业水准的数据库。

4.2.1 几个比较实用的数据库

（1）美国国家标准与技术研究院 NIST 的物性数据库 Chemistry WebBook（http：// webbook.nist.gov/chemistry）

图 4-18 所示是该数据库的首页。

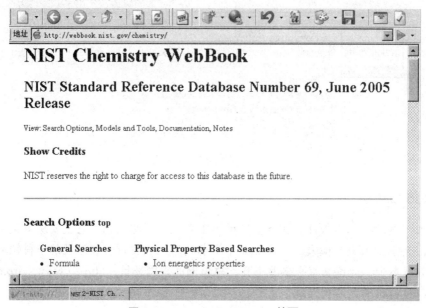

图 4-18 Chemistry WebBook 首页

检索示例：检索 Benzene（苯）。选择用 Name（名称）检索，输入 Benzene 后，可得到如图 4-19 所示的检索结果（还有许多信息未显示）。

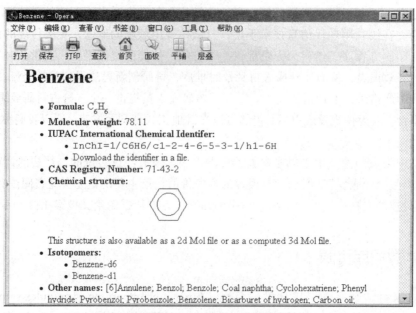

图 4-19 Chemistry WebBook 的搜索结果

（2）美国 Pomona College 的药物结构活性关系数据库 MedChem/Biobyte QSAR database （http：//clogp.pomona.edu/medchem/chem/qsar-db/sets/ghindex.html）。

（3）美国 Virginia Tech 的 Harold M. Bell 建立的有机化合物数据库 Organic Compounds Database（http：//www.colby.edu/chemistry/cmp/cmp.html ）。

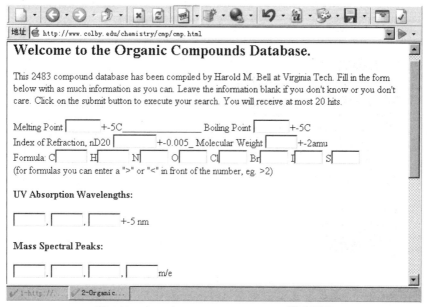

图 4-20　Organic Compounds Database 搜索界面

（4）美国国立医学图书馆 NLM（http：//www.nlm.nih.gov/）著名的医学文献摘要库 MEDLINE。

它摘录了自 1966 年以来的生物医药期刊，目前摘录 70 多个国家约 3 900 种期刊，是药物化学家常用的文献检索工具。图 4-21 所示是 Medline 的界面（http：//www.ncbi.nlm.nih.gov/entrez/query.fcgi?DB=pubmed）。

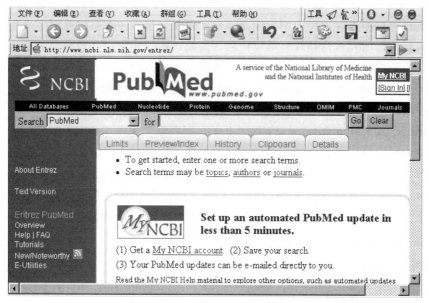

图 4-21　PubMed 搜索界面

检索示例：检索 herbicide（除草剂），在检索框中输入"herbicide"，可查得相关的文献 19 504 篇共 976 页，见图 4-22。

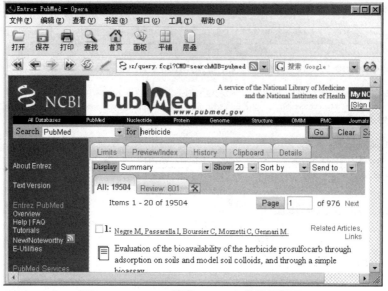

图 4-22　PubMed 搜索 herbicide 的结果界面

4.2.2　分布式化学数据库统一查询接口 CS ChemFinder

ChemFinder 是由 CambridgeSoft 公司于 1995 年 11 月在 Internet 上推出的一种化学数据库检索服务（http：//chemfinder.cambridgesoft.com/），它是一个分布式化学数据库统一查询接口。资源地址：http：//chemfinder.cambridgesoft.com；文献类型包括图书、期刊、网站、软件、产品信息等；主要以光盘版、网络版文摘、全文数据库为载体，它主要涉及 PHarmaceutical、biotechnology、chemical industries 等学科领域。ChemFinder.com 通过其网站为用户提供查询服务，但个人用户使用有一定限制，只有少数数据库对个人用户免费开放，企业、院校、研究机构和政府单位使用则需要订购。还有一些数据库的检索需要用户注册登录，用户注册非常简单，当用户第一次使用该网站时，只需要填写本人的姓名、邮件地址、职业、国别以及在 ChemFinder.Com 上使用的用户名和密码等信息，就可成为该网站的注册用户。

CambridgeSoft Corporation 是为生物工艺学、制药学、化学工业、化学研究提供企业解决方案、生命科学网络浏览软件、化学数据库和咨询服务的主要供应商。该公司的服务包括软件、数据库、互联网站，旨在为用户更有效地创造、分析和交流化学以及相关学科的信息。ChemFinder.com 是该公司下属的 5 个网站之一，它自 1995 年起为成千上百的科学家用户提供化学资源检索服务。该网站为用户提供的检索数据库分为四类：

1. **参考数据库**（Reference Databases）

包括 ChemFinder、ChemINDEX、NCI、The Merck Index 等 4 个数据库。其中 Chemfinder 为免费检索数据库，含有 Chemical Structure、PHysical Properties、Hyperlinks 三个免费的数据库。用户如果想做进一步的专业检索，则需要购买其专业版数据库 ChemINDEX。

2. 化学数据库（Chemical Databases）

包括 ChemACX Net、ChemACX Pro、ChemACX Pro & ChemACX-SC Pro 3 个数据库，其中 ChemACX Net 为免费检索数据库，它拥有 30 个化学目录（提供 Lancaster、TCI、ACROS Organics & AlpHa Aesar 等热门出版商的有关信息，能查找化学出版物的获取方式、价格及附加数据）和结构检索（可根据结构、姓名、同义字或公式检索）。该数据库的专业版为 ChemACX Pro，光盘版为 ChemACX Pro & ChemACX-SC Pro，提供 300 多种化学目录和 50 余万种产品，以及结构检索。

3. 反应数据库（Reaction Databases）

包括 Organic Synthesis、Compendium of Chiral Auxiliary Applications、ChemReact、ChemSynth 4 个数据库，其中 Organic Synthesis 为合成程序的免费检索数据库，它能通过结构提问、文本提问、化合物以及浏览等方式方便地查找到用户需要的程序。它提供所有由 John Wiley & Sons, Inc 出版的 Organic Syntheses 合订本、选择的程序和新反应、结构检索等。Compendium of Chiral Auxiliary Applications 包含 16, 000 个应用权和 4, 800 个原始参考引文、历史观点和辅助结构展望、机构基础和特征检索等，检索该数据库需要用户注册登录。

4. 安全数据库（Safety Databases）

拥有 ChemMSDX 光盘版数据库，它包括 7, 000 余个材料的安全数据表、健康和安全信息等，价格为公司 $2699.00，高校 $1199.00，学生 $599.00。

使用 ChemFinder.com 的检索方法简单，在主页或数据库检索页面中都提供了检索入口，用户只需要输入检索词（包括化学名称、CAS，Chemical Abstracts Service 号码、分子式、分子量）单击 Search 键或回车键就可以检出相关资源。注意，在输入化学名称时，不得少于 7 个字母；化学结构式也必须完整。对任何给定的检式式，ChemFinder 显示的最大检索结果数为 25 个，同时，ChemFinder 保留在某些特殊情况下限制用户每天最大检索数的权利。因此，该网站规定，如果用户每天的检索数超过 100 条，则需要和该网站取得联系。图 4-23 所示是 CS ChemFinder 的检索界面：

图 4-23　ChemFinder 的搜索界面

查询时，只要在搜索栏（Search）里输入要搜索的名称，如果数据库里有它的资料，就可以显示相关的各种数据，图 4-24 是搜索 Benzene（苯）的结果：

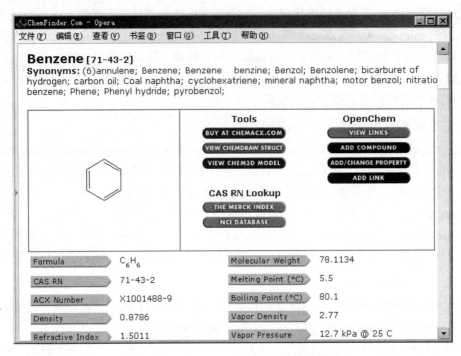

图 4-24　ChemFinder 的搜索苯的结果界面

4.2.3　Internet 上的其他免费化学数据库

CHIN 网页上收录了 100 个免费的化学数据库。CHIN 网页还收集了目前国内已经取得相当进展的中国科学院计算机化学开放实验室北京分部（化工冶金研究所）的工程化学数据库（http：//159.226.63.177）和上海分部（上海有机所）的红外光谱数据库（http：//www.sioc.ac.cn/lccdb/sj k.html）等。

国外有许多免费的化学数据库，下面是两个比较实用的免费数据库：

1、国际科学技术数据委员会 CODATA 的主要化学物质热力学数据推荐值（CODATA KEY VALUES FOR THERMODYNAMICS）

网址：http：//www.codata.org/codata/databases/key1.html

2、美国非赢利组织 National Center of Manufacturing Sciences（http：//www.ncms.org）的溶剂数据库 SOLV-DB（http：//solvdb.ncms.org/welcome.htm），从该库中可以检索 100 多种常用溶剂的数据。

4.2.4　Internet 上的其他化学数据库信息

通过 Internet 可以了解各种收费的化学数据有关信息，这些信息有助于了解目前有哪些化学数据库、各个库的数据内容和规模、数据库的权威性、服务方式及收费情况、最新动态等，以便需要时能够合理地选择合适的化学数据库来获得所需服务。

著名的联机检索系统 STN（http：//www.cas.org/ONLINE/DBSS/dbsslist.html）和 Dialog（http：//ds.datastarweb.com/ds/products/datastar/ds.htm）可以提供在线访问的数据库目录和介绍。

4.3 专 利

专利信息是一类重要的化学信息，与化学有关的专利主要是有关化学组成、与化学有关的过程、各种物质的用途等。专利中有 70%的信息不可能从其他的技术文献中获得，因此查询和利用专利信息就显得尤为重要。随着 Internet 的发展，可通过 Internet 检索的专利数据库以及与专利有关的各种信息越来越丰富，本节着重介绍目前可以利用的免费专利资源。下面介绍几个比较稳定的、著名的站点。

美国专利数据库是最早出现在 Internet 上的免费专利资源，曾经有数个站点可以不同程度地提供美国专利的免费服务。

4.3.1 IBM 知识产权网

该网站的网址是：http：//www.patents.ibm.com 图 4-25 是它的网址和界面。

图 4-25 IBM 知识产权网的登录界面

IBM 知识产权网 IPN（The IBM Intellectual Property Network）的前身是 IBM 专利服务器（The IBM Patent Server），于 1997 年推出。IPN 目前可向 Internet 用户免费提供的服务有三种。

（1）免费检索 1971 年以来发布的 200 多万篇美国专利的有关著录项目、摘要及权利要求（all claims）。

（2）检索世界知识产权组织 WIPO（the World Intellectual Property Organization）提供的 1997 年以来的 140 万篇 PCT（Patent Cooperation Treaty，专利合作条约）的申请文档数据，以及欧洲专利局 EPO（the European Patent Office）的欧洲专利库 ESPACE-EP-A（1979— ）和 ESPACE-EP-B（1980— ）。

（3）利用一种标准的 Web 浏览器浏览专利的扫描图像，包括美国专利全文共 4000 万页（1974— ）、欧洲专利局的 ESPACE-EP-A（1979— ）和 ESPACE-EP-B（1980— ）以及 WIPO 的 PCT 文档（1998— ）。

IPN 提供了三种检索专利途径，第一种为布尔检索，专利的文献著录项目如专利发明人、专利的发布者、专利名称、专利的摘要、专利号、专利发布的类型和国家、申请号、指定国等均可作为被检索的字段。这种方式在限定时间范围的情况下，可以对任意三个被检索字段进行逻辑与、逻辑或以及逻辑与非的任意组合。IPN 还提供了另外两种检索方式，与上述布尔检索有关的另一种检索方式是高级文本检索方式，它允许同时在所有可检索的字段中进行检索，所有这些字段间的缺省逻辑关系是逻辑与，即满足所有检索条件的专利才被检索出来。这一检索方式有助于比较精确地定位所感兴趣的专利。如果你已经知道专利号，可采用 IPN 提供的第三种检索方式，即专利号检索方式，选择好专利库并输入一个 8 位的专利号就可以了。

IPN 所提供的专利全文的扫描图像的分辨率不是很高，大致能够看清楚专利的内容。如果需要下载较高清晰度的、分辨率是 300 d.p.i 的专利全文扫描图像，就需要缴纳相应的费用。

4.3.2　美国专利商标局的 Web 专利数据库

网址：（http：//www.uspto.gov/patft）。

美国专利商标局成立于 200 多年前，截止到 2001 年 11 月 12 日：其收录了 1790 年到 1975 年颁布的说明书；1976 年到 2001 年 11 月 6 日授权的专利文摘及说明书；从 2001 年 3 月 15 日开始，增加了从 3 月 15 日到 2001 年 11 月 8 日美国申请专利说明书的文本及映象文件。

检索技巧

（1）数据库有快速、高级布尔以及专利号三种检索方式，根据课题已知条件来选择检索方式。

（2）数据库检索语言如下：

截词符：$ 表示无限截词。

逻辑运算符：AND 、OR、ANDNOT（必须大写）。

词组：必须将词组置于双引号中，如 "calcium carbonate"。

分类号：例如要检索国际专利分类号为 G06F 19/00 的专利文献，输入格式为 G06F019/00 或 ICL/G06F019/00；而美国专利分类的输入格式为 CCL/427/2.31 或 CCL/427/3A。

查看说明书

点击 search 按钮，进入专利的题录屏，点击题录屏的专利号进入专利的全文文本屏，点击该文本屏的 Images 按钮，进入专利的说明书页面。

查看说明书需要用 alternatiff 浏览器，可从 http：//www.mieweb.com/alternatiff 站点下载并安装，使用该浏览器软件可直接拷贝及打印说明书，打印的说明书图像比较清晰。

美国专利商标局 USPTO（The US Patent and Trademark Office），目前通过 Internet 免费提供 1976 年以来到最近一周发布的美国专利库，称为 USPTO Web Patent Databases，该库由文献库（BibliograpHic Database）、文本全文库（Full-Text Database）组成，另外已经开始提供 300 d.p.i.TIFF（Tagged Image File-Format）格式的专利全文扫描图像。全文库中的美国专利分类与印刷出版的专利（printed patent）中的分类一致，但可能和目前最新的分类有不一致的地方。文献库中的分类反映了最新分类的主分类（Master Classification File），但可能和印刷出版的专利中的分类不一致。对修订证书（Certificates of Correction）和再审查证书（Re-examinations Certificates）的有关专利文档的修改内容没有包括在专利文本全文库中，专利全文扫描图像库中包括了这些内容。专利权的变更（assignment changes）没有包括在文本库及扫描图像库中。

检索 USPTO 的美国专利可分别在文本全文库和文献库中进行，每个库都有三种检索方式，即布尔检索、高级检索、专利号检索。文献库的可检索字段就是收录专利时的著录项目，全文库的可检索范围扩大到专利的权利要求（claims）和专利说明的正文（Description/Specification）。

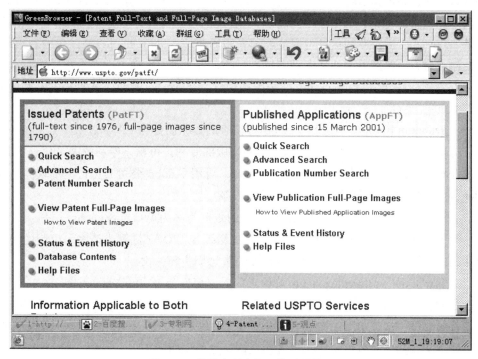

图 4-26　美国专利商标局的登录界面

在检索结果的专利文本全文页中，提供了专利扫描图像的链接。但是请注意，大部分的 Web 浏览器并不能直接浏览该图像。USPTO 的专利扫描格式是 TIFF（Tagged Image File Format），TIFF 格式以及 TIFF 文件的压缩方法都有许多变种。USPTO 和其他国家的知识产权机构均采用 CCITT Group 4 国际标准压缩图像, 简称 G4。要在 Web 浏览器中浏览 USPTO 的专利扫描图像, 需要在浏览器中安装 TIFF G4 插件。到目前为止支持 TIFF G4 压缩的插件很少。USPTO 提供了唯一支持 TIFF G4 压缩的免费插件是 Medical Informatics Engineering 的 AlternaTIFF[9,10], 它是一个 32 位的 Windows 程序, 可以安装在常用的 Web 浏览器如 Netscape Communicator 4.0、Microsoft 的 Internet Explorer 3.0 或者它们更高的版本上, 到 1999 年 4 月的最新版本是 AlternaTIFF v1.2.0。在 USPTO 的站点[11]及 Medical Informatics Engineering 的站点[10]均可以下载该插件。值得注意的是, 下载某篇专利的扫描图像只有一个入口, 即只能在显示了该篇专利文本全文后才能进一步浏览扫描图像, 每次只能下载一页图像, 而且下载图像的 "Images" 图标只能在检索专利后的两个小时内有效, 超过这一时限, 则需要重新把专利检索一遍、并浏览某篇专利全文后才能下载其全文扫描图像。

4.3.3 欧洲专利局

从 1998 年年中开始欧洲专利局 EPO 的 esp@cenet 开始向 Internet 用户提供免费的专利服务, 服务的具体内容包括检索最近两年内由欧洲专利局和欧洲专利组织成员国出版的专利, 世界知识产权组织 WIPO 出版的 PCT 专利的著录信息以及专利的全文扫描图像。这些专利的全文扫描图像数据分别存储在相应的专利机构, 格式为 PDF, 可用 Adobe 公司的免费浏览软件 Acrobat Reader 浏览。esp@cenet 还提供欧洲专利局所收集的 1920 年以来的世界各国专利的信息检索, 其中 1970 年以后所收集的专利都有英文的标题和摘要可供检索。

从 esp@cenet 检索专利信息可以从欧洲专利局的站点进行, 也可以从欧洲专利组织各成员国的站点进行, 各成员国的站点可支持本国的官方语种。本文以欧洲专利局的 esp@cenet 英语站点为例加以介绍, 该站点还支持法语和德语。esp@cenet 提供了 4 种检索专利的入口, 其中:

（1）Search in European（EP）patents 可检索的数据简称为 EP data。

它指最近两年（24 个月）由欧洲专利局出版的专利。可检索专利的著录信息, 并下载和显示专利全文的扫描图像, 图像格式是 PDF, 可用 Adobe 公司的免费浏览软件 Acrobat Reader 浏览。EP data 数据库每周星期三更新一次。

（2）Search in PCT（WO）patents 可检索的数据简称为 WO documents。

它指最近两年（24 个月）由世界知识产权组织 WIPO （国际申请案）出版的 PCT 专利。专利的扫描图像由 WIPO 提供, 数据库通常每周更新一次。

（3）Search the worldwide patents 可检索的数据简称为 Worldwide databse。

这是欧洲专利局收集的专利信息的总和, 它包括 63 个国家或地区最近约 30 年来的专利文献著录数据、20 个国家 1920 年以来的专利扫描图像、以及 10 个专利机构的专利的英文摘要和全文, 具体的数据说明请读者参见该站点的说明。

（4）Search in Japanese patents 可检索的数据简称为 The PAJ data。

指存储在欧洲专利局、由日本专利局出品的 1976 年 10 月 1 日以来的日文专利英语摘要库。PAJ 是 Patent Abstracts of Japan 的缩写。可显示 1980 年以来日本专利的第一张附图（first page drawing）的传真扫描图像, 格式为 PDF。

上述第（1）、（2）及（4）检索途径都是第（3）种的子集。从世界专利数据库入口，可进行比较系统的专利查询。

exp@cent 所提供的检索专利的功能非常丰富，可以检索的字段包括专利（出版）号 Publication Number、申请号 Application Number、优先申请号 Priority Number、出版日期 Publication Date、申请人 Applicant、发明人 Inventor、国际专利分类号 IPC Classification、标题 Title、标题或摘要 Title or Abstract。如果为多个字段指定检索条件，那么这些字段之间缺省的逻辑关系是逻辑与，即满足所有条件的专利才被检索出来。

如果没有其他线索，可以用关键词在标题 Title 和标题或摘要 Title or Abstract 中进行文本检索。检索的语言必须是英语，显示检索的结果则可能是原专利的语种，如德语或法语。在标题中输入的被检索词应小写，检索结果将把相匹配的大写和小写词都检索出来。在标题中可以输入多个单词，单词之间用空格分隔，各个单词之间缺省的关系是逻辑与。如果要精确地匹配一个词组，则必须把词组用 "" 括起来。另外，对标题的文本检索支持多个单词的布尔检索，这样可以更为灵活、精确地提出检索条件。关于更多的检索技巧的说明请读者参见该站点的在线帮助信息。

4.3.4　加拿大专利数据库

加拿大专利数据库（The Canadian Patent Database）是加拿大知识产权局 CIPO（The Canadian Intellectual Property Office）专门为从 Internet 上检索加拿大专利而建立的 Web 站点。该库包括 1920 年以来的加拿大专利文档，包括专利的著录项目数据、专利的文本信息、专利的扫描图像。从浏览器直接浏览到的专利扫描图像分辨率较低，可以下载图像的 PDF 文件，用 Adobe 公司的 Acrobat Reader 浏览 PDF 格式的专利扫描图像效果令人满意。

不过 1978 年 8 月 15 日之前批准的专利没有摘要和权利要求，因此这些专利只能通过专利号、标题、发明人、专利分类号进行检索。加拿大专利可以用英语或法语撰写，该库中的专利的标题为英语和法语双语种，但是 1960 至 1978 年间的专利的标题是单语种，可能是英语或法语。1991 年 7 月 1 日之前的加拿大专利分类以加拿大专利分类法 CPC（the Canadian Patent Classification system）为主，之后则以国际专利分类法 IPC 为主。在过渡期 1978 年 8 月 15 日至 1996 年 1 月 26 日之间，这两种分类都可能有。1978 年 8 月 15 日之前的加拿大专利只有 CPC 分类。

加拿大专利库也提供了功能丰富的检索途径如专利号查询、基本文本查询、布尔文本查询、高级文本查询。具体的说明请参见该库的在线说明。

最后特别说明一下，欧洲专利局的 esp@cent 世界专利库中加拿大专利著录数据的覆盖年代从 1970 年开始，因此要系统地查询加拿大专利应以本文介绍的加拿大知识产权局 CIPO 的加拿大专利数据库作为首要选择。

综上所述，在 Internet 网上已经有了非常有价值的、免费的专利资源可以利用。以美国专利为例，从一篇专利信息完整的角度以及其专利全文扫描图像的质量，从 Internet 上查询美国专利应首选美国专利商标局 USPTO 的专利全文库；如果从覆盖年限考虑，那么应该查询 IBM 的 IPN 专利库。如果需要快速掌握大致的情况，不妨把 QPAT-US 的专利摘要库作为选择之一。欧洲专利局的 esp@cent 提供的欧洲专利以及世界专利数据库、加拿大知识产权局的加拿大专利数据库、中国专利局的中国专利摘要数据库以及其他可以利用的与专利有关的 Internet 免费资源都非常宝贵，充分地利用它们有助于掌握最新动态，避免重复工作。

4.3.5 中国专利网站

中国专利信息系统（http：//jiansuo.com）和中国知识产权网（http：//www.cnipr.com）是检索中国专利比较好的网站。

（1）中国专利信息检索系统。

通过该网站可检索到最近三年甚至更早的专利说明书，该检索系统仅有字段填充式一种检索模式，检索时只需在相应的字段处按照相应的格式输入检索词即可。字段之间的逻辑关系默认为逻辑与（AND）；逻辑运算符包括逻辑与（*）、逻辑或（+）、逻辑非（-）；截词符："！"代表一个字，"？"代表 0 到 1 个字。

检索实例：以查找有关合成氨用钌系催化剂的专利文献为例，在连接运算行后的文本框中输入检索式：（合成氨+氨合成）*钌？*催化剂

（2）中国知识产权网。

该网的用户可以通过在线下载、邮寄和电子邮件等方式提取 1985 年至今的专利说明书原文。该网站检索方法比较全面，有高级检索和基本检索两种检索方式。其中基本检索是免费的，而高级检索则是面向用户的收费检索方式。该网站数据周更新。

该系统的截词符为：%，如钌%；逻辑运算符为：逻辑与（AND）和逻辑或（OR），如：电子鼻 OR 人工嗅觉。

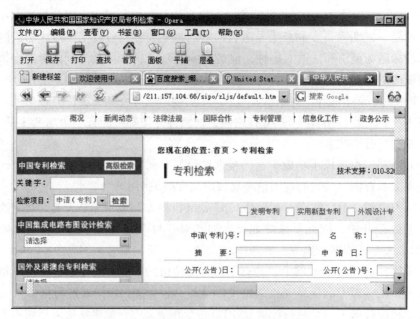

图 4-27　中国知识产权网专利检索的界面

查看说明书：注册成为该网站会员后，可通过高级检索阅读并下载专利说明书，但是在第一次使用前必须下载安装"超星图书浏览器"，并购买专利文献阅读卡。超星图书浏览器可从 http：//www.cnipr.com/gjzl/js/js.htm 网站上下载。

4.4 三大检索资源

4.4.1 科学引文索引（SCI）

科学引文索引（Science Citation Index，简称 SCI），是美国科学情报研究所（Institute for Scientific Information，简称 ISI，网址：http：//www.isinet.com ）编辑出版的一部世界著名的期刊文献检索工具。

四大检索期刊中，科学引文索引 SCI、科技会议 ISTP、科学评论索引 ISR 和工程索引 Ei 中前三者均由 ISI 出版。SCI 出版形式有：印刷版期刊、光盘版、联机数据库和网络版（Web of Science）。SCI 收录范围：世界级的核心期刊约 5 600 种，包括：数、理、化、农、林、医、生命科学、天文、地理、环境、材料、工程技术等各学科，其中化学化工类文献占 9.5%，生物类文献占 17.6%，材料类文献占 4.5%，环境类文献占 4.6%。挑选刊源具有严格的选刊标准和评估程序，每年略有增减，SCI 所收录的文献能全面覆盖全世界最重要和最有影响力的研究成果。SCI 是文献检索工具和科研成果评价的依据。科研机构被 SCI 收录的论文总量，能反映整个机构的科研、尤其是基础研究的水平。个人的论文被 SCI 收录的数量及被引用次数，反映他的研究能力与学术水平。SCI 报道形式是题录、文摘和引用情况。它一反其他检索工具的常规做法，不通过主题或分类途径检索文献，设置了独特的引文索引（Citation Index），即通过先期的文献被当前文献的引用，来说明文献之间的相关性及先前文献对当前文献的影响力。

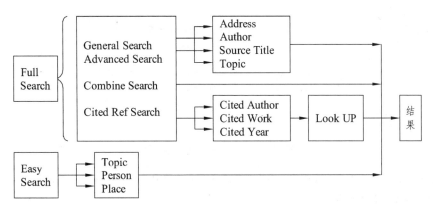

图 4-28　SCI-Web 检索流程图

SCI 检索分网络检索和光盘检索两大类，光盘检索的期刊数比网络检索的要少很多，即光盘检索的期刊文献只是网络检索文献的一部分，所以，期刊和论文的水平质量更高一些。下面，介绍 SCI 网络版检索的方法。

通过 SCI 网络版（Web of Science）可查找相关研究早期、当时和最近的学术文献，同时可获取论文摘要；网络版每周更新，确保及时反映研究动态；提供"Times Cited"（被引用次数）检索并链接到相应的论文；提供"Related RecordS"（相关记录）检索，可获得共同引用相同的一份或几份文献的论文；可选择检索范围，可一次检索全部年份、特定年份或最近一期的资料。SCI 网络版的检索流程如图 4-28 所示。SCI 网络版检索方式有 Easy Search 和 Full Search。Easy Search 检索方式包含主题（TOP-IC）、著者（PERSON）、单位或者城市名和国别（PLACE）检索。

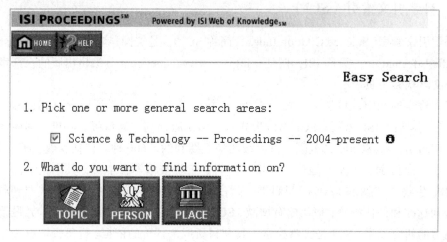

图 4-29　Easy Search 检索方式界面

 Topic Search

1. Pick as many words as you can think of that describe your topic.
   Use search operators such as AND or OR to combine words or phrases.
   [   ] Examples

2. How do you want to look at your search results?
   Sort the retrieved articles by:

   ○ relevance (highest occurrence of search terms first)
   ◉ reverse chronological order (most recent first)

3. SEARCH

图 4-30　Topic Search 检索界面

Full Search：包含 General Search、Cited Search 和 Run save Query。同时可以对文献类型、语种和时间等进行限定。

General Search：包含关键词、刊名、著者、著者单位和机构名称检索，界面见图 4-31。

Cited Search：包含获取过去的文献，利用参考文献进行检索（被引著者、被引文献名和被引文献发表时间），界面见图 4-32。

Run save query：查找最新文献，界面见图 4-33。

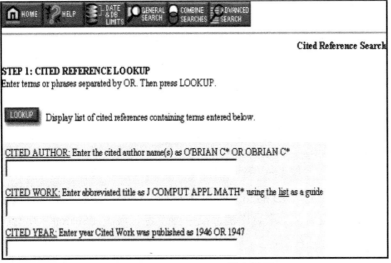

General Search

Enter individual search terms or phrases separated by the search operators AND, OR, NOT or SAME. Then press SEARCH search will be added to the Search History.

SEARCH Search using terms and limits entered below.

TOPIC: Enter terms to find them in the article title, keywords, or abstract Examples
composite   ☐ Title only

AUTHOR / EDITOR: Enter one or more author or editor names as O'BRIAN C* OR OBRIAN C*

SOURCE TITLE: Enter the full journal or book title, or copy and paste from the source list

CONFERENCE: Enter words from a conference title, location, date, or sponsor as IEEE AND CHICAGO AND 2001 Examples

ADDRESS: Enter abbreviations from an author's affiliation as YALE UNIV SAME HOSP (see Abbreviations list)

图 4-31　General Search 检索界面

HOME　HELP　DATE & DB LIMITS　GENERAL SEARCH　COMBINE SEARCHES　ADVANCED SEARCH

Cited Reference Search

STEP 1: CITED REFERENCE LOOKUP

Enter terms or phrases separated by OR. Then press LOOKUP.

LOOKUP Display list of cited references containing terms entered below.

CITED AUTHOR: Enter the cited author name(s) as O'BRIAN C* OR OBRIAN C*

CITED WORK: Enter abbreviated title as J COMPUT APPL MATH* using the list as a guide

CITED YEAR: Enter year Cited Work was published as 1946 OR 1947

图 4-32　Cited Search 检索界面

ISI Web of **SCIENCE®**　Powered by ISI Web of Knowledge$_{SM}$

HOME　HELP

Full Search / Date & Database Limits

Citation Databases:
☑ Science Citation Index Expanded (SCI-EXPANDED)—2000-2004 ❶

○ Latest [1 week ▾] (updated February 27, 2004)
⊙ Year [2003 ▾]
○ From [2003 ▾] to [2003 ▾] (default is all years)

GENERAL SEARCH Search for articles by subject term, author name, journal title, or author affiliation.
CITED REF SEARCH Search for articles that cite an author or article that you specify.
ADVANCED SEARCH Perform searches using field tags and set combination.
OPEN HISTORIES Open a previously saved search history.

图 4-33　Cited Search 检索界面

下面的三个图依次为在 SCI 网络系统检索中"中国作者"发表的有关"碳纳米管"的论文检索界面，在"一般检索"界面中输入这两个条件，见图 4-34。

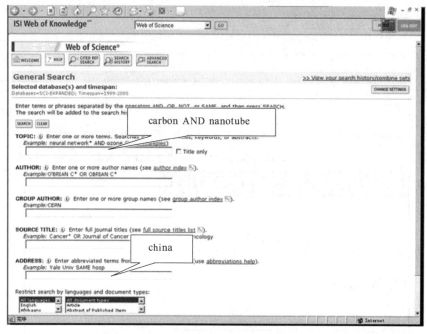

图 4-34　在一般检索界面中输入两个条件

在标题中输入"carbon AND nanotube"，其中的"AND"表示，要同时包括两个词，在地址中输入"china"，表示文章来自中国，或中国作者。点击"Search"开始检索，检索结果的界面，见图 4-35。

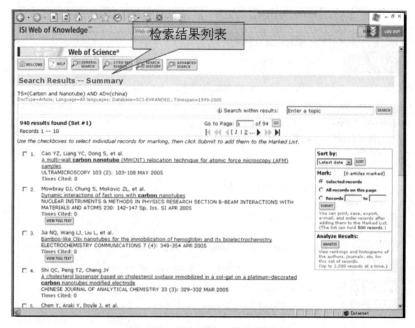

图 4-35　检索到的论文标题界面

图 4-35 列出的是论文的作者和标题，蓝色标题可以链接到对应的论文摘要等内容页面，查到 940 篇论文，当前是第一页，单击某一标题即进入下面的摘要界面（图 4-36），该界面提供了该论文的全部纪录（共 20 项），还可以进一步链接到你感兴趣的相关纪录。

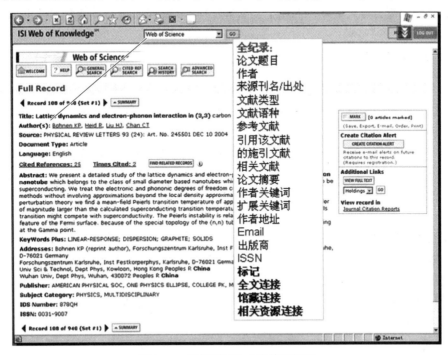

图 4-36　链接到某论文的摘要界面

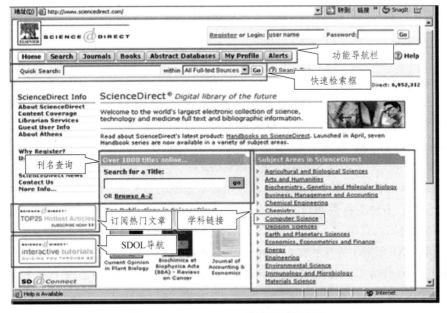

图 4-37　ScienceDirect 全文数据库主页

SCI 一般可以直接检索到摘要内容，可以知道该论文的源期刊，有时也可以链接到论文全文，但多数情况下论文的全文，需要从其他的数据库来获得。例如：Elsevier 公司的

ScienceDirect 全文数据库，它囊括了 Elsevier 出版的 1800 多种电子期刊，可回溯至 1823 年的文档，超过 700 万篇的学术全文，它收录的论文都是国际上高水平的论文，绝大多数文章都是 SCI 收录的论文，网址为：http：//www. ScienceDirect.com，图 4-37 是该数据库的主页，除部分特色论文为免费外，下载全文都是收费的（中文部分是作者添加的主页说明）。

4.4.2　工程索引（EI）

美国《工程索引》（The Englneering Index，简称 EI）是一种大型、综合性文献检索工具，由美国工程索引公司（The Engineering Index Inc.，USA）编辑出版，创刊于 1884 年，至今已有 100 多年的历史。《EI》概括报道工程技术各个领域的文献，还穿插一些市场销售、企业管理、行为科学、财会贸易等学科内容的各种类型的文献，但不收录专利文献。

EI 涉及领域：土木、环境、地质、生物工程；矿业、冶金、石油、燃料工程；机械、汽车、核能、宇航工程；电气、电子、控制工程；化工、农业、食品工程；工业、管理、数学、物理、仪表等。

EI 报道内容的侧重点：应用科学、工程技术领域，该数据库每年新增 500 000 条工程类文献，数据来自 5100 种工程类期刊，会议论文和技术报告，其中 2 600 种有文摘，90% 的文献是英文文献。化工和工艺的期刊文献最多（占 15%），计算机和数据处理的期刊占 12%，应用物理的期刊占 11%，电子和通讯的期刊占 12%，另外还有土木工程（占 6%）和机械工程（占 6%）等类型期刊。

EI 系统的出版物主要有以下六种形式：①《工程索引月刊》（The Engineering Index Monthly），1962 年创刊。②《工程索引年刊》（The Engineering Index Annual），创刊于 1906 年，它除了月刊的全部内容外，还有《工程出版物索引》等内容。③《工程索引累积索引》（The Engineering Index Cumulative Indexes），自 1973 年起编纂。④《工程索引卡片》（Card-A-IJert CAL），1962 年开始编制，快速报道所摘用的最新文献。⑤《工程索引》缩微胶卷（MicoftilmS），1970 年开始摄制，以缩小收藏体积，便于保管。⑥《工程索引》磁带（ComPendex），1969 年开始发行，供电子计算机检索使用。以上六种出版物中又以①、②两种最为常用，我国订购的工程索引系统出版物也只限于这两种。

Engineering Village 2 是 EI 公司开发的主要产品之一。它提供多种工程数据库：Com-pendex、INSPECT、CRC ENGnetBASE、Techstreet 标准、Scirus、USPTO 专利和 esp@cenet 等。

ComPendex 目前全球最全面的工程和应用科学领域的数据库，可检索 1970 年至今的文献。收录了 5000 多种工程类期刊、会议论文集和技术报告的 7000 000 多篇论文的参考文献和摘要。每年增加选自超过 175 个学科和工程专业的约 250 000 条新记录。

检索字段：All fields（所有字段），Subject/Title/Abstract（主题词/题目/文摘），Author（作者），Author affiliation（作者单位），Publisher（出版商），Serial title（刊名），Title（题目），Ei controlled term（Ei 控制词）。

逻辑算符：and（与）or（或）not（非）。

位置算符（near）：要求检出的文献要同时包含 "near" 算符所连接的两个词，且两词之间的距离不超过 100 个单词，词序不限。如：Bridge NEAR Piling*。

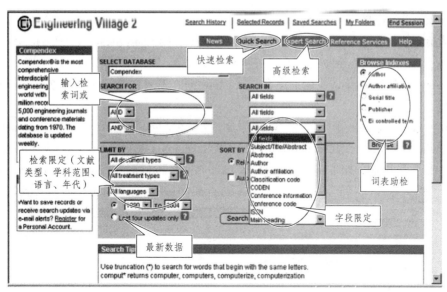

图 4-37　Engineering Village2 检索界面

使用 EI 主题词（EI Subject Terms）、作者（Authors）、作者单位（Author Affiliation）、和刊名（Serial Titles）、出版商（Publisher）、受控词（Controlled TermS）等字段检索时，可使用 AND、OR 和 NOT 将输入到同一检索窗口的词或词组连接起来。在 SORT BY 栏选定检索字段，点击"LOK UP"按钮，浏览索引列表，选定的词或词组可以粘贴到检索窗口进行检索。粘贴到检索窗口上的检索词默认用 OR 连接，也可人工把 OR 编辑成 AND 或 NOT。

截词：通配符（,）用在单词中间（前面至少有三个确定的字母）或词尾，可实现对一簇词的检索。如 Optic＊将检索出包含 opti、optics 和 optical 等词的记录。中间截词符（?）代替一个字符。

词根符（$）：检索出与该词具有同样词根的词。如$manage 将检出 managers，managerial 和 management 等词。

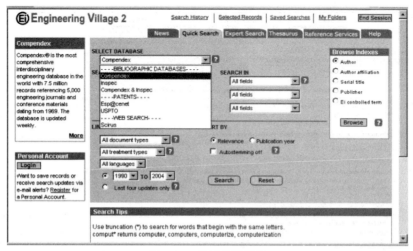

图 4-38　快速检索界面

优先级算符：（　）括号可用来改变运算顺序，词组必须置于双引号或者大括号中：如

"expert system"，或者｛expert System｝。

检索途径有：快速检索（Quick Search），专家检索（Expert Search），索引检索（Browse Indexes）。

例 6-6 检索 2003 年，主题词中含有 wastewater，发表在 Bioresource Technology 期刊上的文献。

专家检索：检索某一个字段用"wn"限制，如｛test bed｝wn ALL AND｛atm networks｝wn Tl，（windows wn Tl AND sapHire wn Tl）OR Sakamoto, Keishi wn AU。检索词组或固定词用｛｝或" "限制，如｛Journal of Microwave Power and electromagnetic Energy｝wn ST。

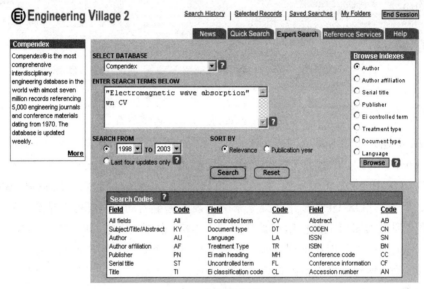

图 4-39 专家检索界面

例 6-7 检索期刊名称中含有化学（Chemical *），有关有机合成方面的文献（Organic Synthesis）。

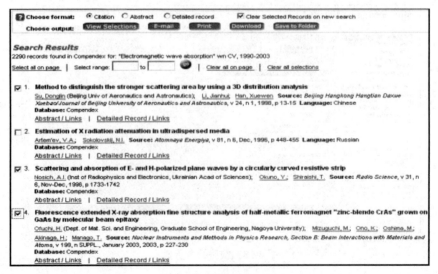

图 4-40 检索结果浏览

1.1.3 科技会议录索引（ISTP）

《科技会议录索引》(Index to Scientific & Technical Proceedings，简称 ISTP)，是美国科学信息研究所(Institute for Scientific Information，简称 ISI)编辑出版的四大检索工具之一。于 1978 年开始出版发行，收录世界科技各领域内用各种文字出版的会议录文献，每年收录近 1 万个国际科技学术会议所出版的会议论文，自 1990 年以来，出版共计 190 多万篇会议论文数据，有引文索引。年约增加 22 万个记录，数据每周更新，并提供自 1997 年以来的会议录论文的摘要。ISTP 是综合性的科技会议文献检索数据库，内容涵盖生命科学、物理、化学、农业、环境科学、临床医学、工程技术和应用学科等各个领域，被列入四大文献索引之中。现有 WEB 版、光盘版和印刷版三种。它的 Web 版 Web of Science Proceedings（简称 WOSP)，最明显的特点是增加了会议论文的摘要信息(光盘版没有论文摘要)。在 WOSP 中，汇集了世界上最新出版的会议录资料，包括专著、丛书、预印本、以及来源于期刊的会议论文。ISTP 将这些论文集收集起来，建立索引，以供人们查阅。ISTP 有印刷版，光盘版、磁带、联机数据库。ISTP 的联机数据库创立于 1997 年，目前只能通过德国的 DIMDI 联机数据库系统检索，按周更新。论文是否能被 ISTP 收录，也反映了科研机构及个人的学术水平。

2009 年，ISI Proceedings 升级为引文索引数据库，ISTP 更名为 Conference Proceedings Citation Indexes（会议录引文索引，简称 CPCI)，CPCI 分为以下两个子库：

（1）Conference Proceedings Citation Index–Science，简称 CPCI-S。

（2）Conference Proceedings Citation Index–Social Sciences & Humanities，简称 CPCI-SSH。

4.5 美国化学文摘

美国化学文摘（简称 CA)，被誉为"打开世界化学化工文献的钥匙"。CA，创刊于 1907 年，由美国化学协会化学文摘社(CAS of ACS，Chemical Abstracts Service of American Chemical Society)编辑出版。美国化学文摘是由美国化学学会制作，收录了 160 个国家和地区用 50 多种文字出版的包括无机化学、有机化学、分析化学、物理化学、高分子化学，以及冶金学、地球化学、药物学、毒物学、环境化学、生物学以及物理学等诸多学科领域与化学相关的文献，引用刊物已超过 16 000 种。是世界最大的化学文摘库。文摘内容对应于书本式《化学文摘》，收录了世界范围内有关生物化学、物理化学、无机、有机化学等有关化学及化工方面的 1200 多万化学及应用化学方面的文献。CA 包括题录数据和来自印刷版的 CA 的索引。它是目前世界上应用最广泛，最为重要的化学、化工及相关学科的检索工具（网址：http://www.cas.org)。

SciFinder Scholar 是美国化学文摘（CA)的网络版，主要包含如下数据库：

CAplus（Chemical Abstracts Plus Database，1907—)。

CAS Registry（1957—)。

CASREACT（Chemical Reactions Database，1907—)。

CHEMCATS（Commercial Sources for Chemicals）。

CHEMLIST（Regulated Chemicals Listing Database，1979—）。

Biomedical Literature（MEDLINE，1958—）。

SciFinder是美国化学文摘社CAS自行设计开发的最先进的科技文献检索和研究工具软件，SciFinder Scholar是SciFinder的大学版本。SciFinder数据库收录的文献资料来自全球200多个国家和地区的60多种语言。种类超过10 000种，包括期刊、专利、评论、会议录、论文、技术报告和图书中的各种化学研究成果。

（1）期刊和专利记录2 300余万条。每天更新4 000条以上，始自1907年。

（2）有机和无机化学物质2400余万种；生物序列4 800余万条。每天更新约40 000条，每种化学物质有唯一对应的CAS注册号，始自1900年。

（3）化学反应850多万条；46万条来自文献和专利的反应记录，每周更新约600～1300条，始自1840年。

（4）商业化学物质740多万条；来自全球729家化学品供应商的828种产品目录，包括产品价格信息和供应商联络方式。

（5）国家化学物质清单24万多条，来自13个国家和国际性组织，每周更新＞50条。

（6）MEDLINE医药文献记录1 400多万条。美国国立医学图书馆（National Library of Medicine）的数据库，来自4 600多种期刊，始自1951年。每周更新4次。

特别说明：CAS拥有容量异常庞大的专利信息数据库，收录了超过50家专利授予机构所颁发的专利。SciFinder比任何其他科学资源有更多的期刊和专利链接，能够帮助您在研究过程中更有创意，更有生产力。到目前为止，SciFinder已收文献量占全世界化工化学总文献量的98%。

通过CA查询，可以"追溯"文摘的源期刊，从而查到原文。

编辑系统的支持下，确保了文献加工的前后一致性和极高的文献加工质量，编制出有效和完善的索引。所以该文摘已成为当今世界上最有影响的检索体系，是获取化学信息必不可少的工具。随着信息技术的发展，CA尤以其对化学物质的计算机处理技术在文献检索领域中独树一帜。特别是1996年CA on CD正式推出，使CA的计算机检索不只是利用诸如STN和Dialog等联机检索系统，而是有条件的单位可用CD在自己单位内进行检索，这将使我国对CA的计算机检索由情报检索专家的代理发展到由用户自己直接操作的阶段。鉴于此，本书主要介绍CA的CD-ROM产品及其检索。对广大CA用户来说，CA on CD的问世将真正改变他们的文献检索习惯。CA光盘是在CA书本式检索工具的基础上发展起来的。现在每年约有70万篇文献和12.3万篇专利被收入。内容包括生物化学、物理、无机和分析化学、应用化学和化学工程、高分子化学和有机化学方面的杂志论文、专利、技术报告、学位论文、会议文献和图书等，涉及50种语言。CA on CD最新版本的软件是在Windows环境下运行的下拉式菜单的软件，操作非常方便，熟悉Windows操作的用户，顺着它的屏幕提示，即可进行检索。假如，微机上已经安装了CA on CD的软件，并在Windows的桌面上产生了CA on CD图标，则双击CA on CD图标，屏幕即显示CA on CD的首幅画面（图4-42）。画面上工具条上的图标。这里有5个实图标：Browse、Search、Subst、Form和Help，前四个图标就是CA on CD提供的四种基本检索方法。此外，还有相关性检索和登记号检索。

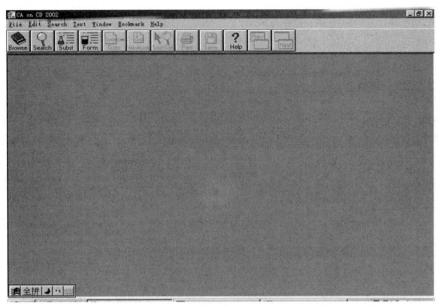

图 4-42　Cd on Cd 检索界面

4.5.1　Browse 检索

Browse 检索的方法见 4-43。

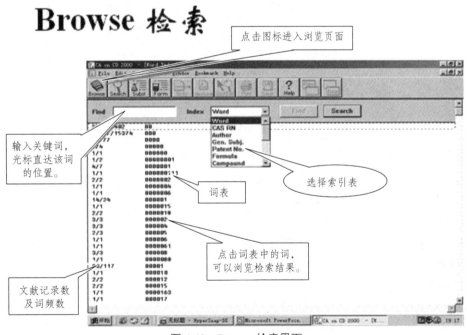

图 4-43　Browse 检索界面

点击 Browse 图标,进入浏览页面后,Browse 浏览检索默认是关键词检索(Word Index),该检索是围绕着文档信息来添加检索词的,其范围包括文献题目、文摘、关键词、普通主题词表、机构、地址等。在左边输入框中输入关键词,在右边选择索引表,从中选取一种索引条件，然后，点工具栏的搜索（Search 图标），在窗口中就会列出符合条件的词表。点击词表中的词，可以浏览检索结果。

4.5.2　Search 检索

Search 检索是高级检索，当按下该按钮后，即弹出 Word Search 的表单填写窗口。高级检索可以填写 6 个检索词，它们可以分属不同的属性范围，其范围可以在索引表中来选择类型。

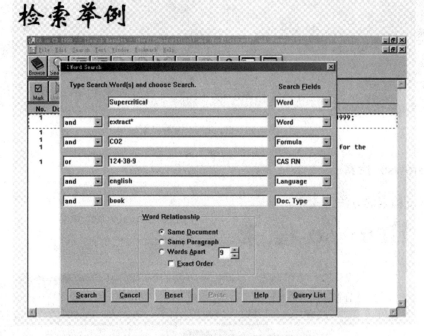

图 4-43　高级检索的检索词表单

索引表共分 16 类，它们是：

Word	文献中的关键词
CAS RN	登记号
Author	作者
Gen Subj	普通主题词表
Patent No.	专利号
Formula	分子式
Compound	化合物名称
CAN	CA 号
Organization	机构全称
Org.Words	机构名称中含有的词
Journal	刊名
Language	语言

Doc Type	文献类型
CA Section	CA 分类
Year	出版物的年代
Updata	数据更新

检索表中的 6 项检索词，可以分属不同的类型（Search fields），它们用 and（与）, or（或），not（非）来限定条件，可以用通配符"*"和"?"，前者代表任意个字符，后者代表一个字符。注意："?"和"*"不能出现在词或词组的最前端。此外，表单中还可以指定关键词之间的位置关系。将这些条件组合在一起检索，检索结果符合要求的命中率非常高，提高了检索的速度、精确度。填写完毕，按下左下角的"Search"即开始检索，并将结果显示出来。

4.5.3 Subst 检索

这是化合物检索的途径。按下该按钮，工具栏下面即会出现两个输入框，输入化合物名称或化合物分子式，指定物质类型，即可进行检索，见图 4-45。

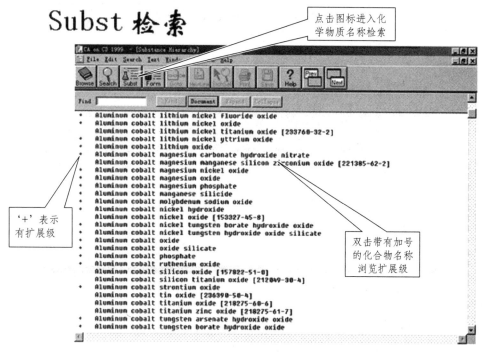

图 4-45 Subst 检索的方法介绍

在高级检索中有 Compound，它与 Subst 检索类似，所不同的是 Subst 检索能找到衍生物，同分异构体，它可以是一组物质。但 Compound 检索到的是一个物质。下面是两类检索方法的结果比较，图 4-46。

点击 Subst 检索结果中左边的"+"，可以向下展开检索结果，上下可能是同衍生物。但 Compound 检索结果的左边没有"+"，因为这种检索只能检索到一个物质。

Subst检索与Browse中Compound的比较

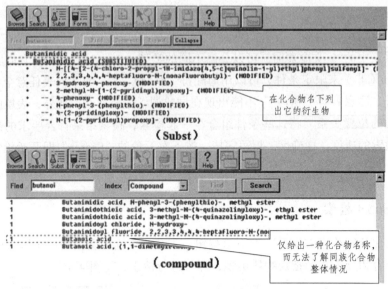

图 4-46　Compound 与 Subst 检索结果比较

4.5.4　Form 检索

Form检索

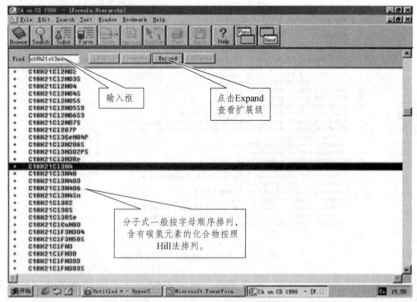

图 4-47　Form 检索的方法介绍

Form 检索是分子式检索。只要输入分子式，就可以查到符合分子式条件的一组物质，如同分异构体。图 4-47 是 Form 检索的方法介绍。注意，检索到的词条左边可能会有 "+"，表明符合该分子式的物质有多个，可以点工具栏上的 "Expand" 按钮，便可以将选择的名称词条向下展开，结果见图 4-48。

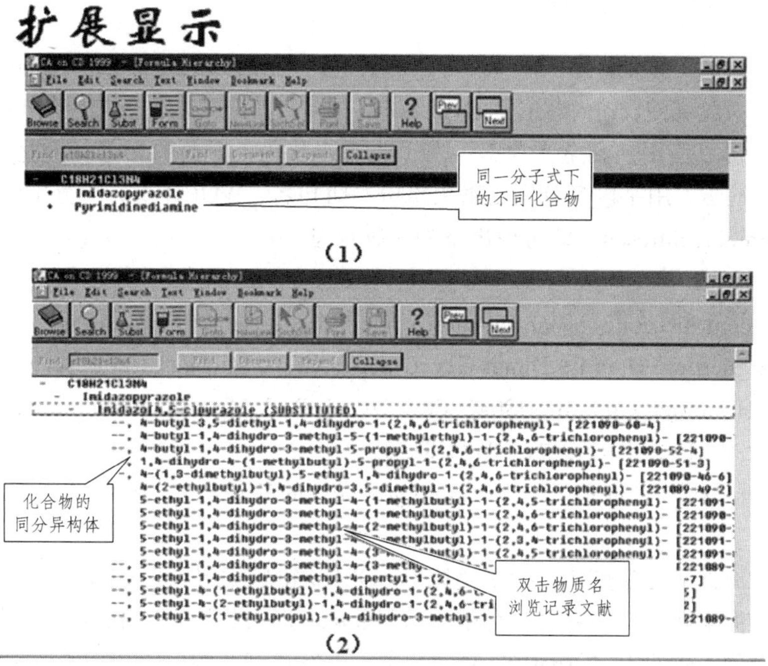

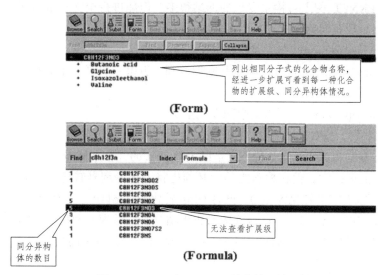

图 4-48　将带"+"号的词条展开的结果

Form 检索与 Formula 都是根据化学式检索物质，但二者的检索结果是有差别的。Form 检索到的是一组物质，可以展开浏览。而 Formula 检索到的只是一个物质，不能扩展开。见图 4-49。

CA 检索到的内容，可以保存、打印等，双击检索结果的词条，可以显示源文档的链接地址，到该网站上下载源文件。

图 4-49　Form 与 Formula 检索结果的比较

4.6 文献检索常见问题

1. 从某一论文引文中有一篇 1992 年出版的期刊"international J. Bio. Macromol",其作者为 Marguerite,此论文涉及的内容主要是 chitosan。如何查其论文标题、具体的作者、期刊卷期号。

解答:可以使用期刊全文检索,由于此题涉及化工方面的文献,因此比较简单的方法是采用 CA 检索,用字段名分别是采用年份、期刊名、WORD 等,再分别输人 1992、int. J. Bio. Macromol、chitosan,即可检出下列文献信息。

1 17:70172

Substituent distribution ono, N-carboxymethyl chitosans by proton and carbon-13 NMR. R inaudo, Marguerite; PHam Le Dung; Gey, Claude; Milas, Michel(Cent. Rech. Macromol. Veg.,Univ. JosepH Fourier, Grenoble 38041, Fr.). Int. J. Biol. Macromol.,14(3),122-8(English)1992. CODEN:IJBMDR. ISSN:0141-8130.

2. 美国专利网站 httP://www.uspto.gov 提供的专利全文,看不到图形,要查专利图形该怎么办?

解答:有两种方法解决。(1)美国专利商标局的美国专利一般为 html 格式,看不到其中的图形,但实际上它还有另一种格式,即 image 形式,是 tiff 格式的,需要下载一个插件才能浏览全文,插件为 ahernatiff,在网站主页上有详细介绍。(2)到欧洲专利局网站(http://ep.espacenet.com)上查找美国专利全文。

3. 从 CA 检索所得的专利号如 WO 2002069706 Al,现利用欧洲专利局网站查全文,怎么查不到?

解答:CA 与欧洲专利局网站的专利号表达不一致,用 CA 中的专利号 wo 2002069706,到欧洲专利局网站查阅全文,只需将专利号改为:WO 02069706,在专利号栏目中输入即可查阅专利全文。

4. 网上有哪些网站提供专利全文免费检索?

解答:INTERNET 网上可检索专利的网站很多,但能进行全文检索的网站不多,大部分只能检索摘要。现我们给你推荐几个网站,可直接检索专利全文。

http://www .uspto.gov 可查美国专利全文。

http://ep.espacenet.com 可查国际专利欧洲专利,英国专利等十几个专利国家的全文及 50 多个国家的专利摘要。

http://www. sipo. gov. cn 可检索中国专利全文。

5. 已知专利号为:PCT/US01/27317,怎样查找专利全文?

解答:国际专利(PCT)其专利号应是以 WO 开头的,在欧洲专利局网站(http://ep.espacenet.com)上可检索,但在检索之前,必须先将上述专利号转化成欧洲专利局网站所使用的专利号,先将 PCT 转化为 WO,再将 US01 转化成 2oo1US,与 PCT/USol/27317 对应的专利号为:WO2001US27317,此号应为优先申请号,在欧洲专利局网站的专利检索菜单中的专利优先申请号栏中输入 WO2001US27317,即可查到该专利的全文。

6. 请问国际专利(PCT)文献有无免费网站?

解答:在欧洲专利局网站上可免费检索国际专利全文。网址为 http://ep.espacenet.com。

5 实验数据的数学处理方法

在无机化学、分析化学、物理化学、结构化学、化工基础等课程的学习中，都会涉及大量的数据处理问题。这些问题包括简单的计算，标准曲线的拟合，实验曲线的拟合，根据化学公式绘制曲线，解数学方程等。这些数据处理的问题都可以通过计算机技术，用普通的软件来解决。下面介绍化学中常用的一些方法和技巧。

5.1 实验误差的软件计算方法

误差分析是实验数据分析的重要内容。实验数据分析中，主要涉及几类偏差的计算、显著性检验、可疑值取舍和线性回归分析，下面介绍误差分析的几种软件方法。

方法一：利用 Office 中的 Excel 计算。

微软办公软件中的 Microsoft Excel 具有非常强大的数据统计功能，利用 Microsoft Excel 进行误差计算，方法简单，各种统计量在软件中都有内部函数，可以在 Excel 中直接调用统计函数计算。方法是：

新建一个 Excel 文档，在文档中输入实验数据，同类实验数据放在同一列。

如果要计算多个统计量，建议将计算结果放在同一行的单元格中。使用系统内含的统计函数可以直接计算：① 平均偏差（avedev）。② 算术平均值（average）。③ 偏差平方和（devsq）。④ 最小值（min）。⑤ 最大值（max）。⑥ 样本标准偏差（stdev）。⑦ 总体标准偏差（stdevp）。

相对平均偏差计算式：=avedev（ ）/average（ ）*100

相对标准偏差计算式：=stdev（ ）/average（ ）*100

括号中的数据范围视具体情况填写。

方法二：利用高级计算器软件计算误差。

Windows 系统内嵌的计算器，可以进行简单计算和函数计算，在 windows7 及更高版本的操作系统中，计算器具有统计计算功能。调出计算器后，点"查看"，选"统计信息"，见图 5-1（a），即可显示图 5-1（b）的统计计算面板。

在统计面板中，输入一个数据后点右下角的"Add"键，数据即进入统计的数组中。然后，逐一地输入数据，每输入一个数据，便点击一次"Add"，面板中的"计数="显示已输入的数据。输入完毕，单击右边的统计量按钮（共 6 个），显示窗口中便显示出统计量的值。按"C"清屏，按下"CAD"则清空输入的全部数据，可以重新计算或统计其他的数据组。

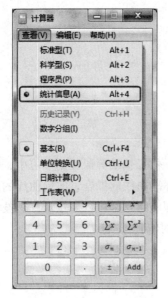

图 5-1（a）　调出统计计算面板　　　　图 5-1（b）　计算面板中的统计量

如果要计算面板中不含的统计量时，可以记下平均值和标准偏差，再自己设计算式计算。

方法三：使用自由软件计算。

"计算工厂"是一个行计算器，可以进行很多类型的数学计算，其中的统计计算含有更多的统计量，是一套不需安装的绿色软件，也是一款免费软件。图 5-2 是"计算工厂"的统计功能界面。

图 5-2　"计算工厂"软件的统计计算面板

用该计算器进行统计计算时，只需要直接在编辑框中输入要统计的数据，每输入一个数据，按一次回车，便进入下一行，数据呈单列排列。也可以按行排列，但数据之间需用半角"，"隔开，或者用半角空格隔开。

数据输入完毕，点面板底部的"统计计算"的下拉菜单，选取要计算的统计量，然后，再点击右边的"统计（S）"，即自动生成相应的统计量，显示在右边窗口中。

菜单中的"n-1 标准差"，即样本的标准偏差，"标准差"即为总体标准偏差，相对标准偏差是对应样本的，即样本的变异系数。"算术平均数"即算术平均值。"累加"值，即全部数据之和。"累乘"值，即全部数据相乘的值。"几何平均数"值，即 n 个数据累乘后再开 n 次方的值，这是另外一个统计量，分析化学中不常用。至于平均偏差和相对平均偏差需要手工计算。

图 5-3 是作者根据分析化学误差计算的统计量编写的软件。

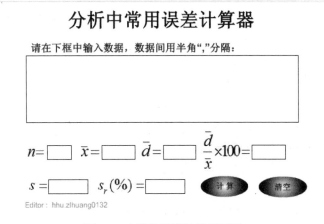

图 5-3　自编的误差计算器面板

该软件为 swf 格式，可以嵌入网页中使用，也可以拷贝到智能手机中使用。

线性回归分析是仪器分析中最为常用的处理方法。在 Excel 中有计算回归方程（ $y = a + bx$ ）系数 a、b 和相关系数 r 的函数，它们是 a（INTERCEPT）、b（SLOPE）、r（CORREL）。见第二章相关内容的介绍。

5.2　线性方程组的求解

在化学化工领域中，线性方程组的求解方法被广泛应用于化学工程计算、分析化学、物理化学、波谱分析和高分子科学等方面的实验数据处理。例如：测定一个混合物的浓度，若用吸光度的方法测定，由于多种组分都有吸收，因此，在某个波长下测得的吸光度值应该是能产生吸收的所有吸光质的吸光度之和。

$$A = \varepsilon_1 c_1 + \varepsilon_2 c_2 + \cdots + \varepsilon_m c_m \tag{5-1}$$

若选定 m 个波长，分别测量同一份溶液的吸光度值，则可构成 m 个（5-1）形式的方程组。求解方程组，即可测得各组分的浓度 c_1、c_2、…

上述问题属于多元线性拟合的问题，在结构化学或量子化学中也经常会遇到此类问题。

线性方程组的一般形式：

$$a_{11}x_1 + a_{12}x_2 + a_{13}x_3 + \cdots + a_{1n}x_n = b_1$$
$$a_{21}x_1 + a_{22}x_2 + a_{23}x_3 + \cdots + a_{2n}x_n = b_2$$
$$\cdots$$
$$a_{m1}x_1 + a_{m2}x_2 + a_{m3}x_3 + \cdots + a_{mn}x_n = b_m$$

其中，a_{ij} 是 m×n 行列式中第 i 行、第 j 列的系数，b_i 是常数项，x_i 是待求的未知数。

线性方程组可以用矩阵方法求解，在 Excel 中有一组矩阵函数，根据矩阵计算原理，可以很快计算出方程组的解。

5.2.1 矩阵表达式及克莱姆法则

利用矩阵法求解多元线性方程组的依据是克莱姆法则。克莱姆法则用于三元一次线性方程组求解的公式见（5-2）、（5-3）和（5-4）

$$x = x_1 = \begin{vmatrix} b_1 & a_{12} & a_{13} \\ b_2 & a_{22} & a_{23} \\ b_3 & a_{32} & a_{33} \end{vmatrix} \div \begin{vmatrix} a_{11} & a_{12} & a_{13} \\ a_{21} & a_{22} & a_{23} \\ a_{31} & a_{32} & a_{33} \end{vmatrix} = \frac{\Delta_1}{\Delta} \tag{5-2}$$

$$y = x_2 = \begin{vmatrix} a_{11} & b_1 & a_{13} \\ a_{21} & b_2 & a_{23} \\ a_{31} & b_3 & a_{33} \end{vmatrix} \div \begin{vmatrix} a_{11} & a_{12} & a_{13} \\ a_{21} & a_{22} & a_{23} \\ a_{31} & a_{32} & a_{33} \end{vmatrix} = \frac{\Delta_2}{\Delta} \tag{5-3}$$

$$z = x_3 = \begin{vmatrix} a_{11} & a_{12} & b_1 \\ a_{21} & a_{22} & b_2 \\ a_{31} & a_{32} & b_3 \end{vmatrix} \div \begin{vmatrix} a_{11} & a_{12} & a_{13} \\ a_{21} & a_{22} & a_{23} \\ a_{31} & a_{32} & a_{33} \end{vmatrix} = \frac{\Delta_3}{\Delta} \tag{5-4}$$

上述计算方法称为"克莱姆法则"，式中的几个三角符号 Δ_i 代表各自对应的三阶矩阵。矩阵 Δ 是三个三元线性方程的系数矩阵，Δ_1 是系数矩阵中左边第 1 列数据被方程的三个常数替换后的矩阵，它对应于 x 的求解，将 Δ_1 作为分母，除以系数矩阵，其即为 x 的值。同理，对于 y 的求解，可以先写出 Δ_2，它是常数矩阵 Δ 中的第二列数据被常数矩阵的单列数据替换后的矩阵，Δ_2 除以系数矩阵 Δ，其值即为 y 的值。z 的矩阵变换及计算与此类似。

克莱姆法在使用时需要满足一定的条件，它适用的充分必要条件是：系数矩阵 Δ 行列式的值不为零，称为非奇异矩阵。

5.2.2 Excel 求解线性方程组的方法

在 Excel 中含有矩阵计算的一组内部函数，根据矩阵运算的规律和性质，可以用 Excel 中的矩阵函数计算多元线性方程的解。

矩阵形式：AX=B

当行数和列数都相等时，矩阵 A 为 n 阶方阵，若系数矩阵的值 $|A| \neq 0$，则方程的解可写为

$$x = A^{-1}B \tag{5-5}$$

或 $x_i = |A_i|/|A|$

其中 A^{-1} 为 A 的逆矩阵，$|A_i|$ 为 $|A|$ 的第 i 列换为相应的常数 B 项后的矩阵。

Excel 不能直接求解方程组的解，但它提供了逆矩阵的计算函数：MINVERSE（数组），因此可以用（5-5）直接计算方程组的解。首先，介绍 Excel 中的几个矩阵相关的函数：

1. MDETERM（数组）函数

用于返回一个数组的矩阵行列式的值，在计算数组的方程组解之前，需要判断方程组的系数矩阵是否为 0，因为若方程组系数矩阵为 0，则方程组没有唯一的解。

2. MMULT（数组）函数

返回两数组的矩阵乘积，结果矩阵的行数与数组 1 的行数相同，矩阵的列数与数组 2 的列数相同。语法：MMULT（数组 1，数组 2）。

数组 1 和数组 2 是要进行矩阵乘法运算的两个数组；数组 1 的列数必须与数组 2 的行数相同，而且两个数组中都只能包含数值。

3. MINVERSE（数组）函数

返回数组矩阵的逆 MINVERSE。本法中为系数矩阵的逆矩阵。

=MMULT（MINVERSE（系数矩阵），常数矩阵）

现以（5-6）的方程组为例，介绍操作步骤：

例 5-1：

$$\left.\begin{array}{l} x_1 + 2x_2 + 3x_3 \\ 4x_1 + x_2 + 2x_3 \\ 10x_1 + 4x_2 + x_3 \end{array}\right\} \tag{5-6}$$

首先，建立一张电子表格 Sheet1，在 A3 到 C5 的 9 个单元格中填写（5-22）的系数，在 E3 到 E5 的单元格中填写（5-22）的常数。见图 5-4。

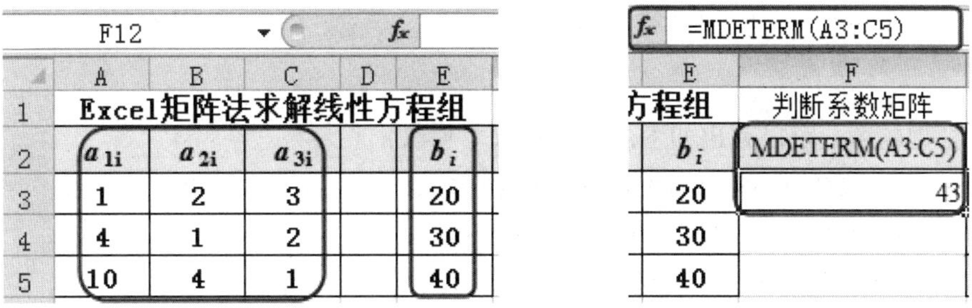

图 5-4　方程组系数构建矩阵表及计算（截图）

其次，用 MDETERM（数组）函数计算系数矩阵的值，判断是否为 0。计算值放在 F3 中，单元格 F3 的公式为：=MDETERM（A3:C5），计算结果为 43≠0，表明方程有解。截图见图 5-5。

第三，求解方程的解。用鼠标选定 G3 到 G5 的三个连续单元格（或其他相连的三个单元格）。在编辑栏粘贴如下的计算公式：=MMULT（MINVERSE（A3:C5），E3:E5）。

同时按下 Ctrl+Shift+Enter 三个键，则 G3 到 G5 中即自动生成方程的三个解。

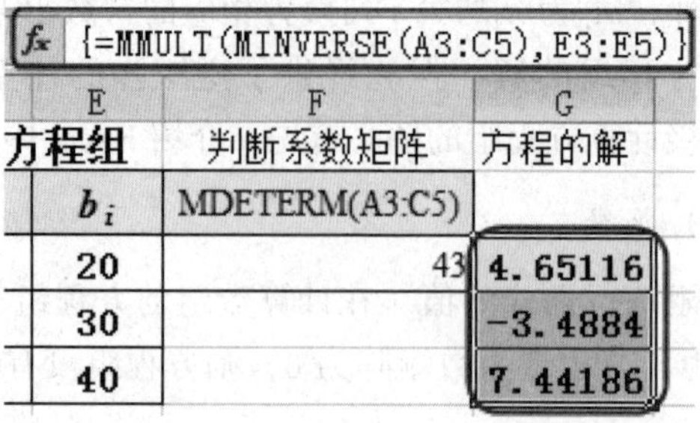

f_x	{=MMULT(MINVERSE(A3:C5),E3:E5)}	
E	**F**	**G**
方程组	判断系数矩阵	方程的解
b_i	MDETERM(A3:C5)	
20	43	4.65116
30		-3.4884
40		7.44186

图 5-5　系数逆矩阵与常数矩阵的乘积生成方程解

切记：生成方程解时，务必同时按下三个组合键，否则，不会生成结果，而且鼠标和键盘不能退出，同时还会弹出出错提示。

例 5-2　用紫外/可见吸光光度法测定某试液，共含 4 个吸光物质。分别在 4 个波长下测定混合物的吸光度值，并用 4 种物质的标准溶液测定并计算出在不同波长下各物质的摩尔吸光系数，数据见表 5-1，计算混合试液中各物质的浓度。

表 5-1　四波长法测定混合溶液的吸光度值及摩尔吸光系数

λ /nm	ε_A^λ /L.mol^{-1}	ε_B^λ /L.mol^{-1}	ε_C^λ /L.mol^{-1}	ε_D^λ /L.mol^{-1}	A^λ
420	1.502	0.0514	0	0.0408	0.1013
460	0.0261	1.1516	0	0.0820	0.09943
650	0.0342	0.0355	2.532	0.2933	0.2194
700	0.0340	0.0684	0	0.3470	0.03396

已知，某混合液的吸光度值与各组分独立存在产生的吸光度值之和具有加和性关系（比色皿厚度为 1cm）：

$$A^\lambda = \varepsilon_1^\lambda c_1 + \varepsilon_2^\lambda c_2 + \varepsilon_3^\lambda c_3 + \varepsilon_4^\lambda c_4$$

解：

（1）根据题意，可以列出如下的四元一次方程组：

$$1.502C_1 + 0.0514C_2 + 0.0408C_4 = 0.1013$$
$$0.0261C_1 + 1.1516C_2 + 0.082C_4 = 0.09943$$
$$0.0342C_1 + 0.0355C_2 + 2.532C_3 + 0.2933C_4 = 0.2194 \tag{5-7}$$
$$0.034C_1 + 0.0684C_2 + 0.347C_4 = 0.03396$$

将系数及常数按矩阵格式填入电子表格 Sheet1（图 5-6）中：

（2）计算系数矩阵的值。计算值放 G2 中，公式为 =MDETERM（A2:D5），回车后 C2=1.4937≠0，表明方程有解。

（3）计算方程的四个解。选择 H2 到 H5，粘贴公式 "=MMULT（MINVERSE（A2:D5），F2:F5）"，同时按下 Ctrl+Shift+Enter 三个键，则 H2 到 H5 中即自动生成方程的四个解，见图 5-7。

图 5-6　构建系数矩阵和常数矩阵

图 5-7　系数逆矩阵乘常数矩阵生成方程解

其他求解线性方程组的方法还有高斯消去法，主元素消去法等。可以阅读相关的书籍。

5.3　非线性方程的求解

非线性方程是指二次方以上的高次方程。目前能够用公式求解的高次方程最高只能达到四次，而且，次数越高，手续越复杂。

高次方程的求解，一般采用迭代法，只要满足规定的误差要求，就可以很快得到结果（除非方程没有实数根）。化学化工计算中常常会涉及一些高次方程的计算问题，高次方程的数据求解方法常用的有二分法、牛顿迭代法。

5.3.2　二分法（对分法）及在 Excel 中的应用

1. 二分法原理

二分法是迭代法中的一种常用方法，其基本原理，见图 5-8。

设方程 $f(x)=0$ 在横轴上的 $[a, b]$ 区间有一个根，则 $f(a)$ 与 $f(b)$ 必然符号相反（在图 5-8 中，$f(a)$ 在 x 轴之上为正值，$f(b)$ 在 x 轴之下为负值）。因为根在二者之间，因此，可取 a 与 b 的中点 $c = \dfrac{a+b}{2}$，作为待求根的初始值（x 值）。首先，计算出 $f(c)$ 值，再用 $f(c)$ 与 $f(a)$ 和 $f(b)$ 比较正负，进行 x 值的取舍和替换，其方法如下。

（1）函数值的乘积 $f(a) * f(c) < 0$。表明二者反号，即分别位于 x 轴的上下方，因此，方程的根必在 a 和 c 之间。c 和 b 间不含根 [$f(b)$ 与 $f(c)$ 的乘积必然同号]，不必再考虑这段

曲线的问题。遇此情况，又将 a、c 取均值为 d，计算 $f(d)$，再用它与 $f(a)$ 和 $f(c)$ 比正负。如此不断判断，不断缩小范围。

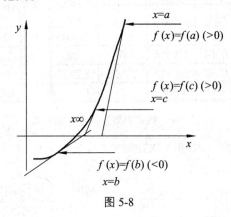

图 5-8

（2）函数值的乘积 $f(b)*f(c) < 0$ 表明二者反号（ $f(a)$ 和 $f(c)$ 肯定同号，即 $f(a)*f(c) > 0$），这时，方程的根必在 b 和 c 之间。不再考虑 a-c 间的曲线。又将 b、c 取均值为 d，计算函数值，比较正负，步骤同（1）。

按照以上办法，每次将取值范围缩小一半，逐步逼近真实值。这种方法称为对分法或二分法。在逼近法中，都要预设最终结果的精确度 ε，一般用最后两次结果的差值绝对值来表示。例如，本例的精确度表达式为 $|c-a| < \varepsilon$，ε 是一个很小的值。当迭代到前后两次结果的差值绝对值小于时 ε，迭代即可终止，最后一次结果即视为方程的解。

2. 用 Excel 进行二分法迭代计算

例 5-3 请精确计算 0.000010 mol/L 的 NH_4F 溶液的 pH 值。

如果不作任何近似处理，则需用该组成的 PBE 来导出仅含$[H^+]$的方程，NH_4HCO_3溶液的 PBE 为

$$[H^+]+[HF]=[NH_3]+[OH^-]$$

利用各组分的分布分数及总浓度，水的离子积常数进行替换，得到如下的$[H^+]$方程：

$$[H^+]+\frac{[H^+]c}{[H^+]+K_a}=\frac{K_a'c}{[H^+]+K_a'}+\frac{K_w}{[H^+]} \tag{5-8}$$

移项变换为

$$f(x)=[H^+]+\frac{[H^+]c}{[H^+]+K_a}-\frac{K_a'c}{[H^+]+K_a'}-\frac{K_w}{[H^+]} \tag{5-9}$$

当 $f(x)=0$ 时，对应的 x 值（$[H^+]$）即为方程的解。

（5-9）也可以用常规的 x、$f(x)$ 来表示，以方便阅读。将常数代入（5-9）式中后，得：

$$f(x)=x+\frac{0.000010x}{x+6.3\times10^{-4}}-\frac{5.6\times10^{-15}}{x+5.6\times10^{-10}}-\frac{1.0\times10^{-14}}{x}=0 \tag{5-10}$$

这个方程若去分母-合并后，是一个一元四次方程。

（5-10）的 $f(x)$ 函数用符合 VB 算法习惯来表示时，可写成下式形式：

$$f(x) = x + 0.000010 * x / (x + (6.3E - 4)) - (5.6E - 15) / (x + (5.6E - 10)) - (10E - 14) / x \quad （5-11）$$

Excel "二分法"处理的要点：

每次迭代前都要先判断函数 $f(x)$ 的正负，所以，某些单元格算式中要用到逻辑判断函数 IF。Excel 中的 IF 函数是根据指定的条件来判断其 "真"（TRUE）、"假"（FALSE），从而返回相应的内容，IF 的语法格式是：

IF（logical_test, value_if_true, value_if_false）

即　IF（逻辑判别式，成立则取此值，不成立则取此值）

判别式后面的值，可以是计算得到的数值，也可以是字符串，如果是字符串，必须用西方的双引号括住。真或假的值还可以是另一个 IF 语句，IF 语句是可以多层嵌套的。

根据题意，我们设计了图 5-9 的表格：

	A	B	C	D	E	F
	J12			f_x		
1	x_0	x_1	x	$f(x_0)+$	$f(x_1)-$	$f(x)$
2	1.000E-04	1.000E-08	5.001E-05	9.86E-05	-1.52E-06	4.93E-05
3	IF语句	IF语句	平均值	计算值0	计算值1	计算值
4						

图 5-9　二分法计算的电子表格

第 1 行为每列的标题。第 2 行的 A2 为 x_0 的初始值（氢离子浓度），根据对溶液 pH 范围的判断而设定的，用它代入 $f(x)$ 中，必须得到正值；B2 为 x_1 的初始值，也是根据对溶液 PH 值范围的判断而设定的，用它代入 $f(x)$ 中，必须得到负值。C2 的值为 x_0 与 x_1 的平均值（写入代码：=(A2+B2)/2，就能自动计算平均值）。D2 的值为将 A2 的 x 初始值代入函数表达式后计算得到的初始函数值；E2 的值是由 B2 值为自变量计算得到的函数值；F2 的值是由 C2 平均值为自变量计算得到的函数值。

第 2 行的三个 f 值是指定 x 初始值后，首次迭代生成的函数值。这三个单元格中只要包含如下函数表达式，就能自动计算与指定 x 值对应的 $f(x)$ 函数值。代码是：

在单元格 D2 中，写入函数表达式：

=A2-0.00001*A2/（A2+（6.3E-4））-（5.6E-15）/（A2+（5.6E-10））-

（1.0E-14）/A2　　　　　　　　　　　　　　　　　　　　　　（5-12）

在单元格 E2 中，写入函数表达式：

=B2-0.00001*B2/（B2+（6.3E-4））-（5.6E-15）/（B2+（5.6E-10））-

（1.0E-14）/B2　　　　　　　　　　　　　　　　　　　　　　（5-13）

在单元格 F2 中，写入函数表达式：

=C2-0.00001*C2/（C2+（6.3E-4））-（5.6E-15）/（C2+（5.6E-10））-

（1.0E-14）/C2　　　　　　　　　　　　　　　　　　　　　　（5-14）

写入函数表达式后，按下回车键，立即生成 $f(x)$ 的数据，见上表格中。

书写表达式时务必注意：等号、括号、+号、-号都必须用英文半角字符，不能写成全角字符，此外，左括号与右括号必须成对出现，否则，系统报错，无法进行计算。

比较 D2、E2、F2 三个函数值的符号可以看出，平均值为正值，所以，应该将导致值 $f(x_0)$ 为正的初始值 x_0 删除（删除 1.000E-4，并由平均值 5.001E-5 取代 x_0 的位置，然后再进行下一轮迭代。第二轮的迭代结果放在第 3 行中列出，第 3 行中迭代时用到的三个 x 值也应该放在第 3 行的对应位置，即 A3、B3、C3 的位置。B2 的 x1 值还须保留，并放到 B3 中，但 A2 中的 x0 值却要被首次迭代用到的第一个平均值取代，并放在第 3 行中的 A3 位置，然后，再进行第二轮迭代。这个判断过程和数据放置过程可以用 IF 语句来实现。

在单元格 A3 中，写入代码：=IF（F2<0，A2，C2）

在单元格 B3 中，写入代码：=IF（F2<0，C2，B2）

A3 中的代码解释：如果 F2 的值小于 0，即 x 平均值的函数小于 0，则将 A2 的值复制到 A3 这个单元格中；否则，即不满足这个条件（本例第一次迭代是不满足此条件的），便将 C2 的值复制到 A3 这个单元格中，即用 x 平均值替换 x0 的初始值。用 IF 语句判断 A3 该放什么值。

B3 中的代码解释：如果 F2 的值小于 0，即 x 平均值的函数小于 0，则将 C2 的值复制到 B3 这个单元格中；否则，即不满足这个条件（本例第一次迭代是不满足此条件的），便将 B2 的值复制到 B3 这个单元格中，即用 x 平均值替换 x1 的初始值。用 IF 语句判断 B3 该放什么值。

只要 A3 和 B3 写入了上述代码，当完成第一轮迭代后，A3 和 B3 中就能自动填入所需的数值，而这个填写过程是智能的，有条件的，不需要人工再填数据了。

一旦 A3 和 B3 中生成了数据，只要在 C3 中含"=（A3+B3）/2"的代码，就能自动计算出 A3 和 B3 的平均值，并填充在 C3 中。同理，在 D3、E3、F3 中写入函数表达式，可以取用 A3、B3 和 C3 中的数据计算出三个函数值，完成第二轮的迭代过程。

在第 2 章中，已经介绍过 Excel 的公式自定义及公式批量复制的方法，在此可以用按右下角下拉方法进行公式复制：在 A3、B3 单元格中已经录入了 IF 代码之后，用鼠标选中 C2 到 F2 四个单元格，将鼠标移到 F2 单元格的右下角，鼠标变"+"时，按下左键往下拉到第 3 行，则 C2 到 F2 四个单元格中便自动生成了数据，因为第 2 行的同列公式已经被复制到了第 3 行的同列单元格中。从表格中的数据可以看出 A3 和 B3 的数据谁可以保留，谁需要被平均值替换。第 4 行，即第三轮迭代的操作不需要再手工输入公式了，可以利用下拉方法，进行自动复制公式和自动计算。

第 4 行及以下各行的迭代操作：在 A3 上按下鼠标左键，一直拉到 F3，选中 6 个单元格，将鼠标移到 F3 单元格的右下角，鼠标变"+"时，按下左键往下拉，直至数十行（25 到 30 行），松开鼠标后，立即生成满屏的数据。注意查看 A、B、C 三列同行的数据，当移动到某两行，三个数据不再变化，而且相等时（前 3 位或 4 位数字相同），此时的 x 值就是方程的解。见图 5-10。

经过二分法迭代计算可知，0.000010 mol/L NH_4F 溶液的 $[H+]=1.26\times10^{-7}$ mol/L，pH=6.90。

	K29		f_x		
	A	B	C	D	E	F
1	x_0	x_1	x	$f(x_0)+$	$f(x_1)-$	$f(x)$
2	1.000E-04	1.000E-08	5.001E-05	9.86E-05	-1.52E-06	4.93E-05
3	5.001E-05	1.000E-08	2.501E-05	4.93E-05	-1.52E-06	2.46E-05
22	1.259E-07	1.258E-07	1.258E-07	1.12E-10	-7.54E-11	1.84E-11
23	1.258E-07	1.258E-07	1.258E-07	1.84E-11	-7.54E-11	-2.85E-11
24	1.258E-07	1.258E-07	1.258E-07	1.84E-11	-2.85E-11	-5.03E-12
25	1.258E-07	1.258E-07	1.258E-07	1.84E-11	-5.03E-12	6.70E-12
26						

图 5-10　二分法迭代完成的判断

5.3.3　牛顿迭代法及在 Excel 中的应用

1. 牛顿迭代法原理

牛顿迭代法是解非线性方程 $f(x)=0$ 的常用方法之一。其基本过程是：假设方程有一个实根 x^*（方程曲线见图 5-11）。可取一个初值 x_0，过 x_0 作 x 轴垂线交于曲线 $f(x)$ 于 P 点，过 P 点作曲线 $f(x)$ 的切线并与 x 轴相交，其坐标为 x_1，x_1 会比 x_0 更接近实根。如果 $|x_1-x_0|<\varepsilon$，则方程根 $x^*=x_1$，否则按类似方法再过 x_1 作 x 轴垂线交于曲线 $f(x)$ 于 P_1 点，过 P_1 点作曲线 $f(x)$ 的切线并交 x 轴于 x_2，这样一直到相邻的两次 $|x_{k+1}-x_k|<\varepsilon$ 为止，方程的根 $x^*=x_{k+1}$。牛顿迭代法的格式为

$$x_{k+1} = x_k - \frac{f(x_k)}{f'(x_k)} \qquad k=0，1，2\cdots\cdots \qquad （5-15）$$

式中的 x_{k+1}、x_k 分别是第 $k+1$、k 次求得的方程近似根。当最后两次迭代的 x_i 之差小到可以接受时（$|x_{k+1}-x_k|<\varepsilon$），$x_{k+1}$ 即为方程的解。

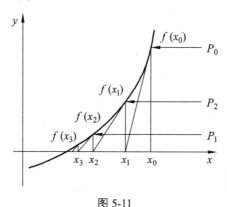

图 5-11

如果导数 $f'(x_k)$ 不易得到，可以用数值近似法替代

牛顿迭代法用计算机语言编程求解，也可以用 Excel 进行求解（方法与二分法相似）。无论是编程，还是 Excel 求解，都需要预先求出曲线方程的导数 $f'(x_k)$，并指定最小误差的值 ε。编程法通常采用循环语句来完成迭代工作。下面介绍 Excel 求解方法。

2. 用 Excel 进行牛顿迭代法计算

用 Excel 软件进行牛顿迭代法计算，方法与二分法相似。现以 0.000010mol/L NH_4F 溶液氢离子浓度计算为例（见例 5-3）。首先，要对用方程表示的函数求导。

$$f(x)=x+\frac{0.00001x}{x+6.3\times10^{-4}}-\frac{5.6\times10^{-15}}{x+5.6\times10^{-10}}-\frac{1.0\times10^{-14}}{x}=0 \tag{5-16}$$

$$f'(x)=1+\frac{1.0\times10^{-5}\ 6.3\times10^{-4}}{(x+6.3\times10^{-4})^2}+\frac{5.6\times10^{-15}}{(x+5.6\times10^{-10})^2}+\frac{1.0\times10^{-14}}{x^2}=0 \tag{5-17}$$

上述函数和导数用程序语言表示时，表达式如下：

$$\begin{aligned}f(x)=x+0.00001*x/(x+(6.3\mathrm{E}-4))-(5.6\mathrm{E}-15)/\\(x+(5.6\mathrm{E}-10))-(1.0\mathrm{E}-14)/x\end{aligned} \tag{5-18}$$

$$\begin{aligned}f'(x)=1+(1.0\mathrm{E}-5)*(6.3\mathrm{E}-4)/(x+(6.3\mathrm{E}-4))\hat{\ }2+\\(5.6\mathrm{E}-15)/(x+(5.6\mathrm{E}-10))\hat{\ }2+(1.0\mathrm{E}-14)/x\hat{\ }2\end{aligned} \tag{5-19}$$

根据题意，可以设计一张 Excel 的计算表，见图 5-12。

Excel 表格必须包含 5 个计算量，现将表格中各单元格的意义和公式分述如下：

（1）B 列是迭代时生成的 x 值，即方程的近似根，B3 为初始值，需人为指定。居于对 NH_4F 溶液 PH 值的范围估计，在此指定初始值为 1.000E-04 mol/L，也可以指定其他初始值，例如 1.000E-05 mol/L。

（2）C 列是迭代前后的 x_i 之差，因为第 3 行还无迭代记录，故 C3 中的 $|x_{k+1}-x_k|$ 为空。

	A	B	C	D	E
1	**用牛顿迭代法求解方程** $f(x)=x+\frac{0.00001x}{x+6.3\times10^{-4}}-\frac{5.6\times10^{-15}}{x+5.6\times10^{-10}}-\frac{1.0\times10^{-14}}{x}=0$				
2	序号	x_k	x_k-x_{k-1}	$f(x_k)$	$f'(x_k)$
3	0	1.000E-04		9.863E-05	1.012E+00
4	1	2.523E-06	9.74774E-05		
5	2				

图 5-12　牛顿迭代法求解方程的计算表

（3）D 列是用迭代过程中生成的不同 x_i 来计算得到的函数值，单元格中已录入了公式，所以函数值是自动计算生成的，D3 中的计算公式（将 5-18 式中的 x 替换为 B3 即为 D3 中的计算公式）为：

=B3−0.00001*B3/(B3+(0.00063))−(5.6E−15)/(B3+(5.6E−10))−(1.0E−14)/B3

（4）E 列是导数值，单元格中已含公式，系统会自动计算生成导数值。

E3 的计算公式（将 6-35 式中的 x 替换为 B3 即为 E3 中的计算公式）为：

=1+(0.00001)*0.00063/(B3+(0.00063))^2+(5.6E−15)/(B3+(5.6E−10))^2+(1.0E−14)/B3^2

（5）B4 是第一轮迭代生成的 x1，它由 CommanoButton1 进行计算，B4 的计算公式为：

=B3−D3/E3

（6）C4 为 x_0 与 x_1 之差的绝对值（Excel 中的绝对值函数符号为 ABS），计算公式为：

=ABS(B4-B3)

只要将三个计算公式分别录入到对应的单元格中，初始值 x_0 一定，就能自动计算出三个数值。

用上述表格迭代计算时，没有指定 ε 值，因为，我们对表格计算采用下拉的手工操作，边迭代边观察结果，当满足数据的迭代精确度时（例如，仅在有效数字第 4 位上波动），即刻停止迭代，所以，可以无需指定 ε 值。但若采用编程方法，系统自动迭代和自动判断，就必须包含终止迭代的判断语句，其中会用到 $|x_{k+1}-x_k|<\varepsilon$。

	A	B	C	D	E
			用牛顿迭代法求解方程		
1			$f(x) = x + \dfrac{0.00001x}{x+6.3\times10^{-4}} - \dfrac{5.6\times10^{-15}}{x+5.6\times10^{-10}} - \dfrac{1.0\times10^{-14}}{x} = 0$		
2	序号	x_k	$x_k - x_{k-1}$	$f(x_k)$	$f'(x_k)$
3	0	1.000E-04		9.863E-05	1.012E+00
4	1	2.523E-06	9.74774E-05	2.476E-06	1.018E+00
5	2	9.033E-08	2.43223E-06	-8.343E-08	2.919E+00
6	3	1.189E-07	2.85781E-08	-1.396E-08	2.116E+00
7	4	1.255E-07	6.59889E-09	-5.904E-10	2.003E+00
8	5	1.258E-07	2.94719E-10	-1.003E-11	1.999E+00
9	6	1.258E-07	5.02024E-12	-1.595E-13	1.998E+00
10	7	1.258E-07	7.98152E-14	-2.533E-15	1.998E+00
11					

图 5-13 多次牛顿迭代的结果总汇

在手工输入 B3、D3、E3 及 B4、C4 单元格中的初始值和公式之后，第 2 轮以后的迭代就可以使用下拉法复制公式。操作步骤是：

1、在 D3 中按下鼠标左键，右拉到 E3，选中两个单元格，鼠标移到 E3 右下角，鼠标变为"+"符号后，按下左键下拉到 E4，则 D4 和 E4 生成了数据，因为同列的公式已被复制到 D4 和 E4 中，至此，从 B4 到 E4，四个单元格中都有数据了。

2、按下鼠标左键，从 B4 拉到 E4，选中同行的四个单元格，鼠标移到 E4 右下角，鼠标变为"+"符号后，按下左键一直往下拉 10-20 行，松开鼠标。计算表中便显示出很多计算结果，见图 5-13，注意查看下面的 B 列数据，当前后相连的数据已经保持恒定时，该恒定值即为方程的解。

在本例中，迭代 6 次后，x 的数值就已经恒定，而本例用二分法迭代时，迭代次数达到 23 次后才达到恒定结果。可见，牛顿迭代法比二分法迭代收敛速度快。

上面介绍了用 Excel 处理二分法迭代和牛顿迭代的方法，提供了两张计算表格。计算表格的计算样式是具有通用性的，处理不同方程时，只需修改函数计算式、导数计算式的表达式，并根据实际问题的化学知识设定初始值，计算表格就可以用于各种方程的迭代计算。

5.3.4 Excel 自带的两种迭代法

Excel 中也包括迭代计算工具：单变量求解和规划求解。它们求解高次方程的方法更简单。

1. 单变量求解法

单变量求解法的工具位于"数据/模拟分析"的菜单中，点击模拟分析的下拉菜单，即可看到"单变量求解"的条目。现以 $1.0×10^{-8}$ mol/L 的 HAc 溶液 pH 值计算为为案例，介绍单变量求解工具的用法（pKa=4.74）。

例 5-4　用单变量求解法精确计算 $1.0×10^{-8}$ mol/L 的 HAc 溶液的[H$^+$]及 pH 值。

分析：太稀的醋酸溶液，不能忽略水离解产生的氢离子浓度。可根据 PBE 计算

乙酸溶液的 PBE 为 $\qquad$ $[H^+]=[A^-]+[OH^-]$

用分布分数及浓度 c 替换后得

$$[H^+]=\frac{K_ac}{[H^+]+K_a}+\frac{K_w}{[H^+]}=\frac{10^{-11.74}}{[H^+]+10^{-4.74}}+\frac{10^{-14}}{[H^+]} \qquad （5-20）$$

将方程移项变换，并令

$$f([H^+])=[H^+]-\frac{10^{-11.74}}{[H^+]+10^{-4.74}}-\frac{10^{-14}}{[H^+]} \qquad （5-21）$$

当 $f([H^+])=0$ 时，对应的[H$^+$]值即为方程的解。

单变量求解的步骤：

（1）打开 Excel，在 Sheet1 中指定两个单元格：A2 和 B2。

（2）A2 称为可变单元格，在 A2 中填写一个适当的数据，作为[H$^+$]的初始值。

（3）B2 称为目标单元格，在 B2 中录入（5-21）的函数表达式，函数表达式中的[H$^+$]用 A2 代换

=A2-10^(-11.74)/(A2+10^(-11.74))-10^(-14)/A2

注意，必须含半角的"="，表明是一个自定义公式，所有算符应符合规定的编程语法。

（4）调出单变量求解工具。点菜单"数据/模拟分析/单变量求解"，弹出图 5-14 的设置框。

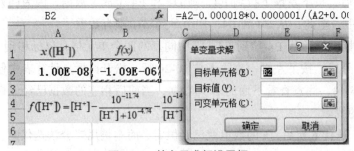

图 5-14　单变量求解设置框

"目标单元格"是指输入函数表达式的单元格，本例中是 B2，需在设置框中填写 B2；

"目标值"是指迭代完毕后，函数值应该是多大？根据方程知，最终函数值应为 0，在目标值右边应填"0"；

"可变单元格"是指自变量 x 所在的单元格，本例中即指放置[H$^+$]初始值的单元格，填 A2；

填完三个空后，按下"确定"。系统会弹出图 5-15 所示的信息框。

如果认为迭代合理，便按下"确定"按钮，系统会将迭代的最终结果直接填充到 A2 和 B2 单元格中，即显示图 5-15 左边的结果。平衡溶液的[H$^+$]=$1.08×10^{-7}$mol/L，pH=6.97。

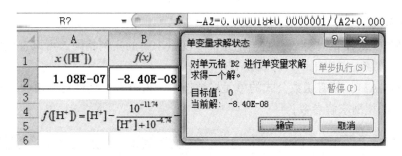

图 5-15　单变量求解迭代结果确认框

单变量求解法比牛顿迭代、二分法迭代简单，只需要根据化学方程的意义，指定一个合理的初始值（x_0），并将方程移项后变换成一个函数表达式，按 VB 语言数学表达式的格式要求，将函数表达式作为计算公式填写到 $f(x)$ 的单元格中，人工"干预"的过程就结束了，调出单变量求解工具，指定两个单元格名称及目标值，就可以让系统自动迭代了。方程移项的要求一般是将所有项移动到等一侧，令式子为 0，此外，也可以将常数留在等号一边，含变量 x 的项移到另一边，输入函数表达式时，就不含常数项，而在弹出的设置框中应将目标值设为常数项（值），而不是 0。

2. 规划求解法

Excel 中已经嵌入了规划求解工具，但默认安装 Office 时，规划求解工具并不显示在工具栏中，需要调入"加载项"来添加规划求解工具。对于 Office 2010 办公系统，添加加载项的方法如下所示。

打开 Excel 后，点"文件/选项"，在弹出的"Excel 选项"窗口中，点左侧的"加载项"，再点窗口底部的"转到"按钮[见图 5-16（a）]，弹出图 5-16（b）加载宏窗口，选中"规划求解加载项"，点击确定。

图 5-16　从选项中调出"加载宏"设置窗口

添加规划求解加载项后，点工具栏的"数据"按钮，在右侧可以看到"规划求解"条目。

现以例 5-4 "计算 1.0×10^{-8} mol/L 的 HAc 溶液的[H^+]及 pH 值" 为例，介绍规划求解的用法。

规划求解的表格设计与单变量求解的表格相同。仍然可用图 5-15 的电子表格，x_0 和函数表达式的输入内容完全相同。

初始值指定，用鼠标单击工具栏上的"数据/规划求解"按钮，按常规方法进行规划求解。"规划求解"加载项位于"数据"类别中，加载后出现在工具栏右边。

操作步骤：

（1）制作 Excel 的计算表，它与前述的单变量求解的实例相同。可以直接使用图 5-14 的计算表（x_0 放在 A31 中，$f(x)$ 放在 B31 中）；

（2）单击 A31，使有函数公式的单元格被选中，再单击工具栏右上角的"规划求解"，弹出图 5-17 的规划求解参数；

图 5-17　规划求解参数设置窗口

规划求解参数窗口含 4 个填充栏，它们的意义和填充内容是：

"设置目标"栏填写函数公式的单元格名称，可以写 B31（相对地址），也可以写\$B31（绝对地址）。调出规划求解参数之前，鼠标选中哪个单元格，这张表中的默认名称就显示这个单元格名称（也是它的地址）。

"目标值"及最大值、最小值。用得最多的是目标值，它应该是 0 或一个数字，根据函数表达式来确定。

"通过更改可变单元格"是指 x_0 所在的单元格，迭代过程就是不断地改变该单元格的数值，让它越来越接近方程的真实根。本例中填写 A31 或\$A\$31。

"遵守约束"是指迭代时人为确定的限制条件，这个约束内容可以填写，也可以不填写。有约束条件时，机器运算速度会加大，还可以避免出现无意义的结果，减小出现死循环的问题。本例中添加了一个约束条件：A31 的值大于或等于零。

填写好相关参数后（前三项必填），按下"求解"按钮，机器就开始自动迭代。迭代完毕，系统会显示迭代结果。按下"确定"，表格中的 A31 单元格中就自动显示最后迭代的 x 值，即方程的近似根，表格显示结果与图 5-20 相同。规划求解法解得：[H^+]=1.258E-7mol/L，pH=6.90。

规划求解还可以处理多变量的情况，例如，解线性和非线性方程组。下面，以实例介绍用规划求解法来解多变量方程组的方法。

例 6-5　混合物由甲胺、乙胺和苯胺三组分组成，元素分析知，三元素的质量分数为：C：61.5%，H：12.4%，N：26.1%。计算三组分的质量分数（用规划求解法）。

解：已知三组分的摩尔质量分别为 31.0572，45.084，93.128 g/mol，三种元素的摩尔质量分别为 12.011，1.0079，14.0067 g/mol。设三组分的质量百分数分别为 x_1，x_2，x_3；针对 C，H，N，以 100 为总量，可以建立各元素的方程（以物质的量为单位，mol）：

$$\left.\begin{array}{l} (1/31.0572)x_1+(2/45.084)x_2+(6/93.128)x_3=61.5/12.011 \\ (5/31.0572)x_1+(7/45.084)x_2+(7/93.128)x_3=12.4/1.0079 \\ (1/31.0572)x_1+(1/45.084)x_2+(1/93.128)x_3=26.1/14.067 \end{array}\right\} \qquad (5\text{-}22)$$

或

$$\left.\begin{array}{l} 0.0312x_1+0.04436x_2+0.06443x_3=5.120 \\ 0.161x_1+0.1553x_2+0.07517x_3=12.30 \\ 0.0312x_1+0.02218x_2+0.01074x_3=1.855 \end{array}\right\} \qquad （5\text{-}23）$$

用规划求解法解方程组的步骤是：

（1）打开 Excel。

（2）在表格中的 B2 到 D4 分别填写方程组中的系数矩阵，B、C、D 列分别为 x1、x2、x3 的系数，E 列为常数项矩阵。

（3）预设 B5、C5、D5 三个单元格，分别放置方程的解 x1、x2 和 x3。并设置初始值（在此均设为 1、1、1），预设 F2、F3、F4 为三个方程左式的计算值，即在 F2、F3、F4 三个单元格中分别输入下面三个表达式（即三个方程的计算公式）：

=B2*B5+C2*C5+D2*D5

=B3*B5+C3*C5+D3*D5

=B4*B5+C4*C5+D4*D5

依次填充到 F2、F3、F4 三个单元格中，这三个单元格作为目标单元格，迭代的结果是让它们的值与 E2、E3、E4 中的值对应相等。另外，将"=B2*B5+C2*C5+D2*D5"填充到 F5 中（可以选用上面三个方程的任何一个），作为迭代时的可变单元格。

（4）单击 F5 单元格（被选中），点工具栏的"数据/规划求解"，调出规划求解工具。在弹出的规划求解设置框中按下面（图 5-18）的要求填写。

图 5-18　规划求解的参数设置

目标单元格：F5

目标值等于：5.120

可变单元格：B5：D5

（5）添加约束条件。点"添加"按钮，弹出的输入条中的左边输入 E2，关系选"="，右边输入 F2，然后点"添加"，依次将 E3=F3，E4=F4，E2=F5 都添加到约束条件中。

（6）点右上角的"求解"，系统就开始迭代，并显示出迭代结果。按"确定"，B5、D5、E5 三个单元格就自动生成最后一次迭代的数值，它们分别对应于方程组的 x1、x2、x3 的三个解。可以看出，E2、E3、E4 与 F2、F3、F4 的值——对应相等，迭代结束。

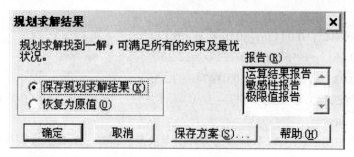

图 5-19　规划求解的结果征询

例 5-6（用规划求解法）。合成氨生产中，烃类蒸汽发生如下变化，计算达到平衡时，溶液的气体组分含量与现有条件的平衡关系。

$$CH_4 + H_2O(g) \rightleftharpoons CO + 3H_2$$

$$CO + H_2O(g) \rightleftharpoons CO_2 + H_2$$

已知进料甲烷为 1 mol，水蒸气为 5 mol，反应后总压 P=1atm（P=101.13 kPa），反应平衡常数见（5-24）和（5-25）式，求反应平衡时各组分的浓度。

$$K_{p_1} = \frac{P_{CO} P_{H_2}^3}{P_{CH_4} P_{H_2O}} = 0.9618 \tag{5-24}$$

$$K_{p_2} = \frac{P_{CO_2} P_{H_2}}{P_{CO} P_{H_2O}} = 2.7 \tag{5-25}$$

解：设反应平衡时有 x mol 甲烷转化成 CO，同时生成的 CO 中又有 y mol 转化成 CO_2，则反应平衡时各组分的物质的量及分压如表 5-2 所示。

表 5-2　反应平衡时物质的量及分压

组分名称	物质的量	分压
CH_4	$1-x$	$P_{CH_4} = \frac{1-x}{6+2x}P$
H_2O	$5-x-y$	$P_{H_2O} = \frac{5-x-y}{6+2x}P$
CO	$x-y$	$P_{CO} = \frac{x-y}{6+2x}P$
CO_2	y	$P_{CO_2} = \frac{y}{6+2x}P$
H_2	$3x+y$	$P_{CH_4} = \frac{3x+y}{6+2x}P$
总物质的量	$6+2x$	

将平衡时各组分的分压表达式代入（5-24）和（5-25）中，得：

$$\frac{(x-y)(3x+y)^3}{(1-x)(5-x-y)(6+2x)^2} = 0.9618 \qquad (5\text{-}26)$$

$$\frac{y(3x+y)}{(x-y)(5-x-y)} = 2.7 \qquad (5\text{-}27)$$

方程组（5-26）和（5-27）是二元非线性方程，可以采用前述的几种迭代法求解，也可以用 Excel 中的规划求解。下面介绍用规划求解的步骤：

（1）制作规划求解计算表。按图 5-20 设置，可变单元格 B2、B3 分别放置 x 和 y 的初始值及迭代后的最终值。初始值任意指定，但本例的 x-y≠0，故设 y=0.08.

D2 的公式表达式为：=(B2-B3)*(3*B2+B3)^3/(1-B2)/(5-B2-B3)/(6+2*B2)^2

D3 的公式表达式为：=B3*(3*B2+B3)/(B2-B3)/(5-B2-B3)

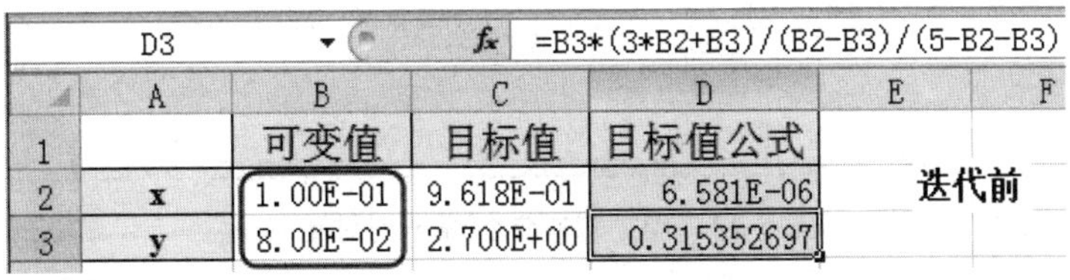

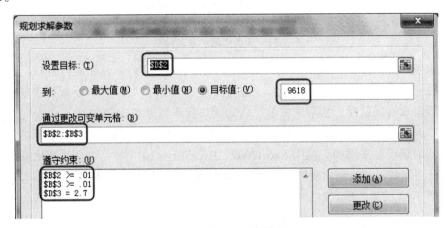

图 5-20　规划求解的计算表设计

（2）调出规划求解并设置参数。点"数据/规划求解"，调出规划求解参数设置窗口，见图 5-21。

图 5-21　规划求解参数设置

设 D2 为目标单元格（可以输入 D2，也可以输入D2，系统最终会转换成绝对地址）。令目标单元格的最终值为 0.9168，与方程（5-26）的右边相等。

可变单元格是含 x、y 值的 B2 和 B3，都必须填写进去，可输入 B2：B3。

遵守约束即约束条件，必须把第二个方程（5-27）的最终迭代结果 2.7 作为约束条件。此外，因为约束条件太少时，对于多元非线性方程组会迭代出错，故添加了两个关系不大的约束条件，x 和 y 值都必须大于 0.01（当然，也可以写成大于 0）。

（3）结果确定，完成计算。系统会弹出求解结果的对话窗口，也可以放弃结果，还原初值。

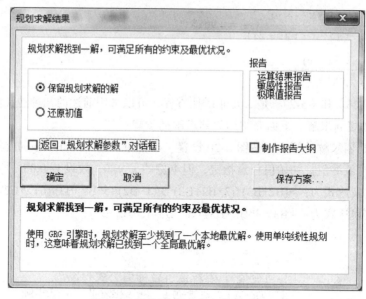

图 5-22　规划求解迭代完毕对话窗口

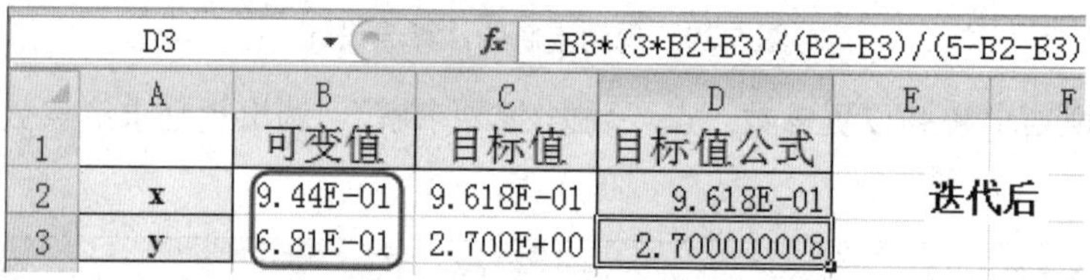

图 5-23　规划求解的最终结果

规划求解法是一个简单又实用的工具，它不但可用于求解一元非线性方程，也可以求解多元线性和多元非线性方程组。但该方法也不是万能的，如果用于处理某些复杂的多元非线性方程组求解问题时，也常常失败，告知用户找不到方程的解。

规划求解法在 Excel2003、Excel2007、Excel2010/2013 中，都不是默认显示的工具，都需要通过"加载项"来添加。使用 Excel2007、Excel2010/2013 时，还会遇到加载失败的问题：虽然已经加载了"规划求解"，工具栏上也出现了"规划求解"条目，但按下该条目时，立即弹出图 5-24 的提示框。

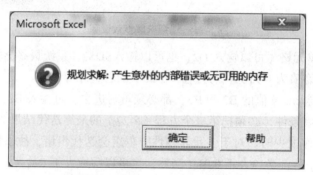

图 5-24　规划求解加载项启用失败

有很多人遇到该问题，目前还没有解决此问题的办法。

如果在 Excel2010/2013 等高版本的软件中打开 Excel2003 创建的 xls 文档，而且该文档中已有规划求解的实例，则该文档在 Excel2010/2013 中仍然能正常启用"规划求解"加载项的功能（仅限于含规划求解例子的那个 Sheet 中，其他 Sheet 中同样不能使用）。并且，无论启动"规划求解"之前的鼠标是落在哪个单元格中，规划求解参数设置窗口打开后，窗口中的"设置目标"会直接显示原来已经设定的单元格。当然，在已经启动的设置窗口中，所有的填充框内容都可以正常修改，不会影响工具运行。所以，对于装有高版本的 Excel，规划求解又不能启动的用户，准备一个由 Excel2003 创建，并包含规划求解实例的 xls 文档，用它来启动加载项，无疑也是一个破解难题的方案。

6 VBA 基础知识及其在化学中的应用

VBA 是 Visual Basic for Applications 的简称，VBA 是一种以 Visual Basic 为基础的编辑语言，但它侧重于文档的拓展性应用。利用 VBA 进行简单的编程，可以使文档具有与 VB 软件同样功能的交互性、自动化、可调控等软件特征的操作功能，可以将 Word、Excel 文档做成文档型软件。

VBA 已经捆绑在 OFFICE 中，在 Word、Excel、PPT 编辑状态下，按下 "Alt+F11"，即可调出 VB 编辑器，进行代码编写和窗体、控件设置。

本章主要介绍 VBA 常用控件、简单语句编写、窗体的简单设置、录制的宏代码修改与扩充。

6.1 VBA 基础知识

在 Word、Excel、PPT 软件窗口的工具栏中，都有一个 "开发工具" 的栏目（默认安装不会出现，可以从 "文件/选项/自定义功能区" 的右边来选中 "开发工具"，即可在编辑窗口的工具栏上看到它。

点 "开发工具" 项目，在左边出现 Visual Basic 的按钮，这就是打开 VB 编辑器窗口的按钮。也可以按下 Alt+F11，也能进入 VB 编辑器。在 "开发工具" 栏目下面，有一块名为 "控件" 的工具群，控件就是 VBA 的构件，点其中的手提包图标，会显示可用的控件图标，见图 6-1。

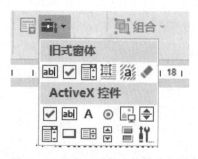

图 6-1　Office 工具栏中的控件工具

应用最多的是按钮控件以及右下角 "其他控件" 里边的视频、音频、Flash 播放控件。

这些控件是可以直接放在 Word、Excel、PPT 文档中，与文本混排的控件。除此之外，按下 Alt+F11，进入 VB 编辑器后，VB 编辑器中还有另一组控件，它们只能用在 VBA 窗体中，不能用在文档界面上，下面结合一些实例，介绍如何利用控件来构建化学计算器，用按钮控件米允值和计算。

6.1.1 从一个简单实例学习 VBA

例 6-1 制备一个 pH-[H$^+$]表，A 列为 pH 值，B 列为[H$^+$]值，pH 取值范围为 0.0-14.0。请分别用普通方法和控件方法来生成表格数据。

（1）普通方法（即常规方法）

A1 输入列名称"pH"，B1 输入名称"[H$^+$]"。A2 填充值"0"，A3 填充 0.1，用下拉法生成 0.0 到 14.0 共 141 个数据（A 列中）。B2 中填充公式"=10^（-A2）"，[H$^+$]=10^{-pH} 的计算式。并用下拉法生成 141 个 H$^+$浓度值。见图 6-2。

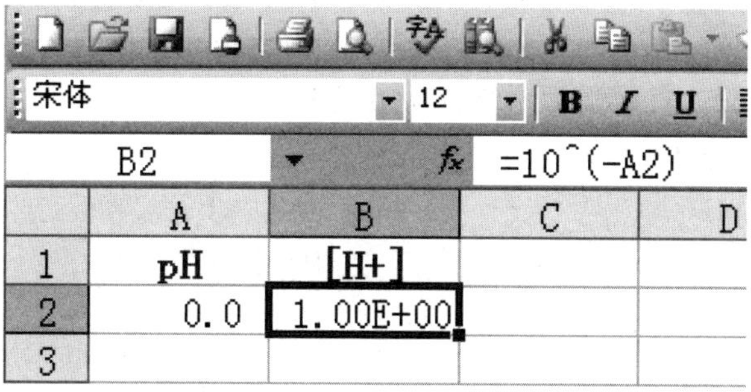

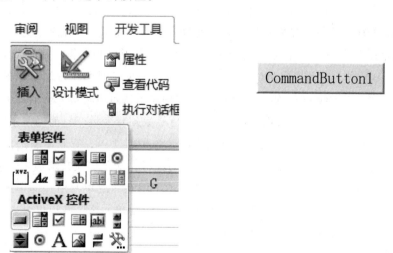

图 6-2 pH 值与[H+]的转换表（B2 计算公式）

（2）控件方法

设计：在表格中添加一个按钮控件，按下按钮，在 A 列自动生成 pH 值，B 列生成[H$^+$]值。

步骤：打开 Excel，点工具栏上的"开发工具"，从下面的控件区域找到并按下手提包图标（工具控件，见图 6-3），点击按钮图标，此时，鼠标移到表格区域后变成"+"形状，按下左键拖出一个大小适中的按钮。

图 6-3 控件工具

按钮上的英文名称可以修改为中文名称（属性设置后述）。

在控件设计模式下（三角形直尺图标按下状态），双击按钮图标，即打开 VB 编辑器窗口，系统自动进入按钮的代码书写状态，见图 6-4：

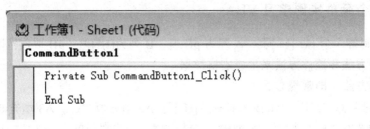

图 6-4　弹出的 VB 编辑器窗口

窗口中的两句代码，是由系统自动生成的按钮程序段的首尾语句，若在二者之间输入计算和填充数据的代码，则按下按钮后，系统就能自动填充数据到 A 列和 B 列的单元格中。本例的按钮操作代码是（首尾句为系统自动生成）：

```
Private Sub CommandButton1_Click()
    Cells(1, 1) = " pH "                ' 在 A1 中填写"pH"
    Cells(1, 2) = " [H+] "              ' 在 B1 中填写"[H+]"

  For i = 2 To 142
      Cells(i, 1)=(i-2)*0.1            ' 用公式(i-2)*0.1 计算，结果填写到 Cells(i, 1)中
      Cells(i, 2)= 1/10 ^(Cells(i, 1)) ' 用公式 1/10^ (Cells(i, 1))计算，结果填写到 Cells(i, 2)中
    Next
  End Sub
```

程序代码解释：

（1）Cells（行序号，列序号）是表示单元格的函数，Cells（1，1）即为 A1，Cells（1，2）为 B1。这个函数中的行号和列号都可以用变量表示，因而可用于循环语句中（For……Next 的语句就是循环语句）。该函数中的括号和逗号都必须是半角字符，其他 VB 函数的要求也如此。在 VBA 中，单元格也可以用 Range（""）来表示，括号中双引号里的内容就是普通单元格的名称，如 Range（"A2"）表示 A2。这种表示法可以将单元格的习惯表示符号用到 VB 程序中，易读性强，缺点是，它不能代入行号或列号变量，只能当常量使用。

（2）在上面的程序段中，右边的文字前均有一个单引号（'），它表示右边的内容为注释，作用仅仅是帮助阅读程序，可以不写。如果要写注释，文字前就必须加单引号。

（3）代码中的等号，是赋值的意思。将右边的值赋给左右的单元格，即填充在指定的单元格中。右边可以是一个算式，计算得到结果后再赋值给单元格，右边也可以是字符串，如果赋的值是字符串，则字符串要用半角的双引号括起来，双引号里的内容将原封不动地填充到左边的单元格或变量中。代码中的 2、3 行，就是将化学单位符号赋值给（填充到）A1 和 B1 中。如果赋值语句中右边只有双引号没有内容，即赋值为空，作用是清空该单元格的内容。

（4）代码中第 4 行到第 7 行（For……Next）的语句结构称为循环语句，第 5 句是给地址为 A2 到 A142 的单元格填充不同的 pH 值，第一次赋值（填充）时，i=2，代入 Cells（i，1）即 Cells（2，1），这时右边计算出的值填充到 Cells（2，1）中（A2），同理，第 6 句是将已经计算出来的 Cells（2，1）值作指数运算，变换成[H+]值后填充到 B 列的 Cells（2，2）中，这样就完成了第一对数据的计算和填充。然后，再令 i=3，分别代入第 5 句和第 6 句的算式中运行，填充到 A3 和 B3 里。依此类推，i 值逐渐递增（增量，称步长）为 1，直到循环至 i=142 后，计算和赋值完毕，就不再循环，而是执行 Next 下面的语句。这就是循环语句的运算过程。本例中，Next 下面已经没有运算、赋值或信息显示等的句子，就直接跳出子程序（末句的 End Sub，就是终止子程序的意思）。在公式作图的例子中，都要用到循环语句。

如果图 6-4 中录入了下面的那六句代码，则按钮就具有计算和填充数据的功能了。返回到 Excel 的文档界面，点一下开发工具/控件界面里的"设计模式"按钮，让它弹起，不显橙色，再来按下钮，就可以看到操作的数据呈现现象了。

如果在 Excel 文档界面中，再添加一个按钮，将其名称修改为"清空"，双击该按钮，输入清空的代码，则所有表格数据全部被删除。

在文档中添加了控件后，一般需要对属性作一些修改或设置。设置方法是：

将控件状态设置成"设计模式"，即在"开发工具"栏目下，三角形-直尺形图标呈橙黄色，此时为设计模式。若再按一下弹起，退出设计，按钮等控件才可以使用。

"设计模式"下，鼠标对着按钮点右键，选菜单中的"属性"，或者单击控件（选中控件），再点控件工具箱上的"属性"图标，即弹出属性窗口，见图 6-5。

图 6-5　按钮控件属性设置

建议设置四项：

（1）改名称，可以用中文名称来代替"CommandButton1"，方便在众多的子程序中查找。但注意，如果已经编写完按钮代码，再来改名称的话，一定要返回到 VB 编辑器中，将子程序第一句的程序名"CommandButton1"改成现在的名称，不然，按钮操作无效。最好先修改好设置，再双击按钮写对应代码。单击右框即可修改。

（2）改 Caption，这是按钮上显示的名称，它不影响程序的执行，它也不要求要与子程序名相同。但改成中文名，按钮的功能会更清晰。默认的名称为 CommandButton1（右框中），单击即可修改。

（3）改字体字号，单击右边的"宋体"，再点最右边的"…"图标，可调出字体字号的设置，与一般文档的设置相似。

（4）改字体颜色，单击 ForeColor 右边的颜色框的小三角，可以调出调色板，选择合适的颜色。

其他设置按各自喜好处理。

设置完毕，双击按钮开始编写代码（指先设置后写代码的情况）。代码编写完毕，需点击工具栏上的"设计模式"，让其退出，才能使用按钮或其他控件。

注意，含有 VB 代码的 Excel 文档，保存时要选择"Excel 启用宏的工作簿"格式，扩展名为 xlsm.

下次双击打开含有 VB 代码的工作簿时，系统会提示，是否允许运行宏。必须点击允许才能使用宏（VB 程序）的功能。

上面虽然介绍的是 Excel 中的 VB 编程，但 Word、PPT 中也具有同样的功能，控件及编程相关的方法、原理完全相同。

例 6-2　用按钮控件完成 HF 分布分数曲线的自动计算（pH 取值范围 0.0～14.0）。Ka=0.00066

已知：$\delta_{HF} = \dfrac{[HF]}{c} = \dfrac{[H^+]}{[H^+] + K_a}$；$\delta_{F^-} = \dfrac{[F^-]}{c} = \dfrac{K_a}{[H^+] + K_a} = 1 - \delta_{HF}$

设计：与例 6-1 相同，A 列放 pH 值，B 列放[H+]值，C 列放 δ_{HF}，D 列放 δ_{F^-}。两个分布分数值的计算使用循环语句 For……Next。可以在例 6-1 的原代码的循环语句里添加分布分数的计算赋值语句。

步骤：在开发工具下，进入设计模式，双击"计算"按钮打开 VB 编辑器，在原代码中加入两句，新代码如下（删除了原注释部分）：

```vb
Private Sub CommandButton1_Click()
    Cells(1, 1) = " pH "
    Cells(1, 2) = " [H+] "
    Cells(1, 3) = " d(HF) "
    Cells(1, 4) = " d(F) "

    For i = 2 To 142
        Cells(i, 1) = (i-2)*0.1
Cells(i, 2) = 1/10 ^ (Cells(i, 1))
Cells(i, 3) = Cells(i, 2)/( Cells(i, 2)+0.00066)        '  计算 HF 的分布分数值
Cells(i, 4) =0.00066/( Cells(i, 2)+0.00066)             '  计算 F-的分布分数值
    Next
```

End Sub

生成两组分布分数值之后，可以通过手动方式绘制分布分数曲线。

问题拓展：请将例 6-2 的计算推广到任意一元弱酸、弱碱的分布分数曲线计算。

设计：将 Ka 值放在 F2 中方便调用，只要改变 F2 的值，就可以得到不同的一元弱酸弱碱的分布分数值。

修改其中的两句代码为：

Cells(i, 3) = Cells(i, 2)/(Cells(i, 2)+ Cells(i, 6))

Cells(i, 4) = Cells(i, 6)/(Cells(i, 2)+ Cells(i, 6))

另外一种修改方法：Ka 值通过输入框函数 InputBox()调入。修改后的完整代码为：

```
Private Sub CommandButton1_Click()
    Cells(1,1) = " pH "
    Cells(1,2) = " [H+] "
    Cells(1,3) = " d(HF) "
    Cells(1,4) = " d(F) "

    Dim Ka
    Ka = InputBox("请输入弱酸或共轭酸的 Ka 值" "一元弱酸或共轭酸的 Ka",6.6E-4)

    For i = 2 To 142
        Cells(i, 1) = (i-2)*0.1
Cells(i, 2) = 1/10 ^ (Cells(i, 1))
Cells(i, 3) = Cells(i, 2)/( Cells(i, 2)+Ka)
Cells(i, 4) =Ka/( Cells(i, 2)+Ka)
    Next
End Sub
```

输入框的简单格式为 InputBox（"输入内容的提示"，"输入框的标题"，初始值），该函数的作用是，弹出一个输入框，根据提示输入数据后，按"确定"，系统才进行后续操作。InputBox（）是一个很常用的 VB 函数。

输入函数必需赋值给一个变量，或者赋值到某个指定的单元格。所以等号左边可以是单元格名称，也可以是一个自定义变量。而要新增一个变量，VB 要求事先要申明，申明的函数用 Dim 表示。Dim 后面是新定义的变量名称，以及变量类型。自定义变量时，尽量使用化学公式中的符号，例如 pH、pKa、C 等，这样方便阅读。

嵌入到文档中的 VB 代码，可以导出和导入。进入 VB 编辑器，点"文件/导出文件"，即可保存文件，扩展名为.bas。导入步骤与此类似。

6.1.2 复杂化学公式的代码编写原则

在 Excel 中，公式计算的原始数据、暂时数据、最终计算结果都是放在单元格中，即赋值给单元格。因此，前述 VB 代码中自定义的变量较少，程序段的语句较少，貌似简单。但对于计算公式较复杂的情况，计算式中出现大量的 Cells（ ）、Range（ ）变量，会让人阅读困难，不知所云。

为了方便阅读和修改代码，在编写化学公式的计算程序时，应注意以下几点：

（1）按钮、文本框的程序段名称，尽量使用中文名；

（2）程序段中尽量使用化学符号来表示变量，这样可使代码中的计算公式也跟普通化学公式相同或相似，容易读懂程序；

（3）程序段中加入注释，方便阅读代码；

（4）程序中可适当地加入 MsgBox 函数、InputBox（ ）函数，增加交互性和信息/过程的提示；

例 6-3 双指示剂法测定混合碱（Na_2CO_3+NaOH）的含量公式为

$$NaOH\% = \frac{c(V_1-V_2)\times M_{NaOH}}{S\times 1000}\times 100\%$$

$$Na_2CO_3\% = \frac{1}{2}\cdot\frac{2cV_2 M_{Na_2CO_3}}{S\times 1000}\times 100\%$$

要求：程序中要涉及盐酸消耗体积 V1、V2、浓度 C、样品质量 S、以及两个百分含量，共 6 个变量，A1-F1 等 6 个单元格分别是它们的名称或化学符号，A2 到 F2 的单元格 6 个单元格分别是 6 个变量的数据（已知或计算产生）。请在文档中用一个按钮来实现数据的填充，计算和结果显示。式样见图 6-6。

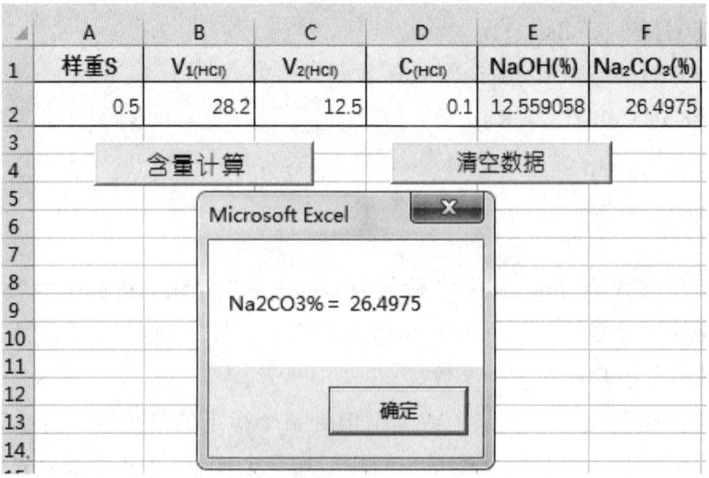

图 6-6 双指示剂法计算面板

步骤：在一个 Excel 新文档中，添加一个按钮控件，设置好控件属性后（控件名为 "计算含量"），双击按钮打开 VB 编辑器，加入如下代码：

Private Sub 含量计算_Click()

```
Dim S, C, V1, V2, NaOH, Na2CO3
    S = Range("A2")
    V1 = Range("B2")
    V2 = Range("C2")
    C = Range("D2")

    NaOH = (C * (V1 - V2) * 39.997) / (S * 1000) * 100
    Na2CO3 = (C * V2 * 105.99) / (S * 1000) * 100

    Range("E2") = NaOH
    Range("F2") = Na2CO3
    MsgBox "NaOH%= " & NaOH
    MsgBox "Na2CO3%= " & Na2CO3
End Sub


Private Sub 清空_Click()
    Range("A2：F2") = ""
End Sub
```

代码解释：

（1）为了方便书写后面的表达式，定义了 6 个新变量（用 Dim 申明它们），并通过四个赋值语句，将样品生 S、盐酸体积 V1、V2 和浓度 C 在指定单元格中的值赋给 4 个新变量，就是四个新变量已经有具体的实验值了（第 3-6 句）；

（2）按照混合碱的两个计算公式计算 NaOH 和 Na2CO3 的含量，并将计算结果赋值给两个新变量（第 7-8 句），用了新变量符号后，计算式与普通表达式非常相似，方便其他人阅读代码；

（3）将计算得到的两个变量值赋值给（传给）表格中的指定单元格（第 9-10 句），即计算数值填充；

（4）Msgbox 是信息函数，它可以弹出一条提示信息。在此它弹出计算结果的信息。函数双引号里的内容是原封不动地显示出来的，引号外的&符号是一个连接符，&后面可以接新引号的信息，可以接具体数值或可以计算生成具体数据的表达式，本例是取出含量变量的值显示在信息框中的等号右边；

（5）清空数据的代码，没有用 Cells，而是用了 Range，方便阅读，而且可以它可以批量处理；

代码的修改与拓展：

（1）可以用赋值语句将 A1 到 F1 的名称填充进去，这样不必担心误删除内容；

（2）可以用 InputBox（）函数来交互式导入 A2 到 D2 的已知量，而不必预填写好表格数据；

（3）自定义变量 NaOH 和 Na2CO3 的值应该作有效数字处理，保留四位，可以用 Round（）函数来实现，在含量计算语句之后，添加如下两句，即可进行位数修约（保留小数后二位）：

NaOH =Round(NaOH, 2)

Na2CO3 =Round(Na2CO3, 2)

上面的修约也可以直接在计算语句中添加 Round() 来完成：

NaOH = Round ((C * (V1-V2) * 39.997) / (S * 1000) * 100 , 2)

Na2CO3 = Round ((C * V2 * 105.99) / (S * 1000) * 100 , 2)

建议用第一方法，虽然语句添加，但代码可读性强。

本例虽然直接在表格中计算会非常简单，但表格中的公式容易误删除，书写公式较麻烦，而采用 VBA 处理，则不必担心表格中的公式被删除的问题。

6.1.3 用 Excel 统计函数与 VBA 混编误差计算表

在 Excel 中已含有大量实用的内部函数，使用 Excel 作数据处理时，若将调用内部函数与 VBA 编程结合在一起，将会显著地减小 VBA 的编程工作量，提高数据处理效率。下面，以化学实验误差计算表设计为例，介绍 VBA 与 Excel 内部函数结合应用的方法。

例 6-4　制作一张误差计算表，通过输入框（用 InputBox）导入实验数据，系统自动计算平均值、最大值、最小值、极差、平均值偏差、相对平均偏差、标准偏差和相对标准偏差。

设计：添加一个按钮控件，由按钮触发各种偏差的计算和显示。上述 8 个统计量中，极差、相对平均偏差和相对标准偏差没有内部函数，但可以用已有的内部函数来计算。其余 5 个统计量直接用内部函数计算。为了防止计算表中的公式被误删除，可以在每次启动程序时（按下按钮）用 VBA 代码来恢复函数计算表达式。最后用 Msgbox 来显示 8 个统计量的值。设计的表格样式见图 6-7。

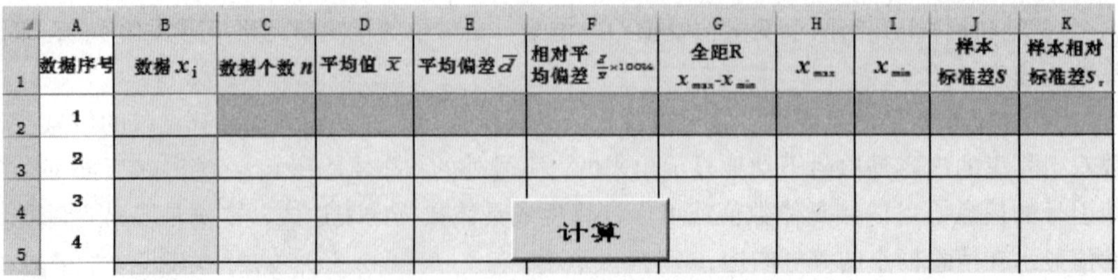

图 6-7　含 VBA 的误差计算表

表格中的 C2 到 K2 单元格中，每个单元格里都函数计算式，只要 B 列中填充有数据，C2-K2 的单元格中就自动生成对应结果。在本例中，每个单元格里的函数计算式要在按下"计算"按钮后才会生成，运行前各单元格均无公式。假设参与统计的数据在 20 个以下，则按钮的代码为：

```
Private Sub 统计实验数据_Click()
    Dim n
        n = InputBox("请输入实验数据个数 n=", "指定数据个数")
        For i = 1 To n
            Cells(1 + i, 2) = InputBox("请依次输入每一个实验数据 x " & i, "输入数据")
        Next


        Range("D2") = "=AVERAGE(B2：B20)"                 ' 平均值
        Range("E2") = "= AVEDEV(B2：B20)"                ' 平均偏差
        Range("F2") = "=E2/D2*100"                       ' 相对平均偏差
        Range("G2") = "=MAX(B2：B20)-MIN(B2：B20)"    ' 全距
        Range("H2") = "=MAX(B2：B20)"                    ' 最大值
        Range("I2") = "=Min(B2：B20)"                    ' 最小值
        Range("J2") = "=STDEV($B$2：B20)"               ' 样本标准偏差
        Range("K2") = "=J2/D2*100"                       ' 样本相对标准偏差
        MsgBox "统计结果如下：" & Chr(10) & Chr(10) & "平均值：" & Range("D2") & Chr(10)
& Chr(10) & "平均偏差：" & Range("E2") & Chr(10) & Chr(10) & "相对平均偏差：" &
Range("F2") & Chr(10) & Chr(10) & "标准偏差：" & Range("J2") & Chr(10) & Chr(10) & "相
对标准偏差：" & Range("K2")
    End Sub
```

代码解释：

（1）申明新变量 n，它用于确定要输入的数据个数，在循环语句中用于控制循环的次数；

（2）For……Next 循环程序段，用于交互式地输入实验数据；第 5 行的"& i"作用是在提示文字后面加循环序号 i 值，例如，第 3 次循环时，i=3，提示你输入 x3 的值；

（3）第 7-14 句，作用是将 Excel 普通计算的公式粘贴到 Excel 中指定的单元格里，系统将按普通的计算方法使用内部函数计算；

（4）MsgBox 函数将弹出一个信息框，在本例中是显示各数值的计算结果。信息框中的数据默认不能换行，但可以插入换行键 chr（10），信息框就可以多行显示，换行键左右要用连接符"&"，如果在两行信息间要添加一个空行，可以连加两个换行键。如果信息框中要显示的数值是可变的，应该将该单元格或算式等放到引号右边。

6.2 Word 文档中插入化学计算面板的方法

VBA 中除了按钮控件外，还有文本框、图像框、标签、组合框、单选、多选按钮等控件也非常实用，VBA 还可以插入窗体。在 Word、Excel、PPT 文档中通过插入窗体，搭配适当的控件，就可以构建化学计算面板或其他学习面板。在 OFFICE 文档中引入了窗体，会给计算、显示、取值等带来许多方便。

6.2.1 Word 文档中插入窗体

窗体是 VB 中比较常用的、可用作定制应用程序界面的窗口，或用作从用户处收集信息的对话框。例如，图 6-8 和图 6-9 是作者用 VB 和 VBA 编写的化学软件的窗体界面：

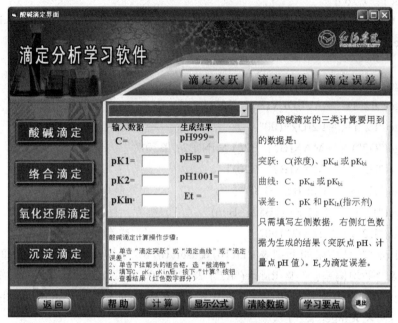

图 6-8 滴定分析学习软件的窗体界面

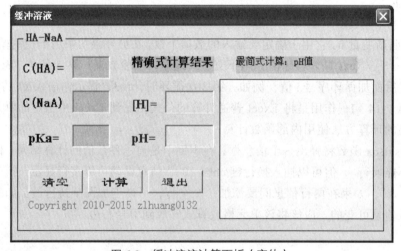

图 6-9 缓冲溶液计算面板（窗体）

窗体中最基本的控件有：按钮、文本框、标签、图像框、单选框和复选框、下拉框等。

虽然窗体在 VB 编写的软件中是司空见惯的，但在 Excel、Word 中，却很少有人引入窗体的"元素"，以至人们以为 OFFICE 文档始终是文档，而不会变成软件。其实，OFFICE 的几个大软件（Excel、Word 等）都可以利用 VBA 构建窗体，可以使文档具有软件的功能。

下面，以缓冲溶液计算面板（窗体）的制作为例，介绍如何在 Word 中创建小巧玲珑的化学计算面板。

1 插入窗体 (Form)

在 Word 界面下不能直接插入窗体，只能插入常用的控件，但进入 VB 编辑器后，就可以在其中插入窗体，并通过文档中的预设按钮来调出窗体。窗体界面与 Word 的文档界面是并列关系。只有在 Word 中打开 VB 编辑器窗口时，才可以从 VB 编辑器中插入窗体，插入窗体步骤如下：

在 Word 文档界面下，按"Alt+F11"，或者点击"开发工具"栏目下的"Visual Basic"按钮，进入 VB 编辑器，见图 6-10。

从 VB 编辑器的菜单栏上点击"插入/用户窗体"。即可在右边窗口呈现一个窗体界面，并在左边树目录中看到名为"UserForm1"的窗体被选中。

图 6-10　新建名为"UserForm1"的窗体

浮在 VB 编辑器上面的"工具箱"是在窗体中可插入的 VB 控件工具箱，见图 6-11，它与 Excel、Word 文档界面的控件工具箱类似，不过，它是窗体"专用"的，二者使用上有区别。VB 编辑器中的工具箱内容比文档中的工具箱多，有些设置也有较小的差别。

图 6-11　VB 编辑器中的控件箱

在 VB 编辑器中可以插入多个窗体，它们互相之间是独立的，可以在程序运行中相互调用。

2. 窗体设计基本知识

插入窗体后，需要对窗体进行必要的属性设置，方法与在 Word、Excel 文档中的控件设置相同（某些属性略有差别）。常见的窗体属性包括：

窗体大小：可以用鼠标拉着边或角线缩放。

窗体屏幕位置（StartupPosition）：默认值是在所有者中心。点下拉箭头看其他选项。

窗体名称：默认名称是 UserForm1、UserForm2、UserForm……为了便于记忆，可以改为中文名称，例如：酸效应的溶解度、滴定曲线等。

窗体标题名称（Caption，左上角蓝条上的名称）：默认是 UserForm1，建议修改为容易记识的中文名称，最好与窗体名称一致。

窗体背景色（BackColor）：可以修改，建议用默认的原色。如果在"Picture"属性处设置了一图片，则窗体背景为图片，如实验室、学校、风景等（不要图片时，可以将其值退格键删除即可）。

以上属性为常用属性。

将属性设置好后，即可往其中添加控件。究竟要放什么控件，要根据设计的窗体需具有什么功能来决定，下面的需求与控件选择的关系可供大家参考：

在窗体上读取或显示数据（包括字符串）：文本框（ abl ，最为常用）+标签（ A ，与文本框配套使用，一般放在文本框左边，用于标注文本框的名称）。

进行计算-链接-切换-帮助等：按钮（ ▭ ，最重要又最常用）。

图像框（ 🖼 ）：可以显示公式（做成图片）、景物等图片。

框架（ xyz ）：可以将同类控件放在其中，既美观，又可以整体移动。

添加到窗体上的按钮、文本框、标签等控件是可以任意拉动和缩放的，标题和名称也是可以修改的，它们都归在属性设置中。

3. 从 OFFICE 文档界面调入窗体

OFFICE 文档与窗体的显示是并列的关系，可通过放置在 Word 文档（或 Excel 文档）中的按钮控件来"唤出"（调入）窗体。一般窗体不会占满全屏，故调入的窗体会"浮"在文档上层。

将一个打开窗体的按钮属性设置完毕后，双击按钮进入 VB 编辑器窗口，在给定的程序段中输入如下代码（设计算面板的窗体名为"缓冲溶液计算面板"）：

```
Private Sub 打开窗体_Click()
    缓冲溶液计算面板.Show
End Sub
```

当按下该按钮时，即可弹出图 6-9 的窗体。

打开窗体的常用格式为：窗体名称.Show

退出窗体时，用"Unload"命令。常用格式为：Unload Me，Me 是指当前窗体。建一个名为"退出"的按钮，双击打开 VB 编辑器后，输入如下代码：

```
Private Sub 退出_Click()
    Unload Me
End Sub
```

按下"退出"按钮，就可以关闭窗体。

4. 窗体设计

VB 编辑器中，插入一个窗体，然后根据窗体的计算目的，添加必要的窗体控件，调整好它们的大小和位置，然后再修改它们各自的属性（显示的名称、字体、字号、颜色等常用的属性），就完成了窗体的设计。

下面，以图 6-9 的计算面板为例，介绍窗体的设计方法、要求和技巧。

图 6-9 是一个计算酸碱缓冲溶液 pH 的计算面板。

计算面板的使用：只需要填写共轭酸碱的分析浓度和

控件设置的依据：① 设计时应尽可能将各种数据的输入和计算都在"缓冲溶液计算面板"窗体上完成。在酸碱缓冲溶液计算中，已知的条件是：酸浓度 C（HA）、碱浓度 C（NaA）、pKa 值，要计算的是[H$^+$]和 pH 值，据此，窗体中放置了 5 个可输入数据的文本框，并配套了 5 个标签，分别放置在各文本框的左侧，用于标注文本框的名称。② 一般计算类窗体应该有"计算"、"清空数据"、"退出"等按钮控件，故窗体中放置了这 3 个按钮；③ 在窗体中放置一个有帮助内容的文本框，可以动态显示计算依据，计算条件等；④ 在窗体顶部的中间放置，安排一个名为"精确式计算结果"的标签，表明下面的计算结果是用精确式计算的，在顶部右边，放一个名为"最简式计算：pH 值"的标签，计算时会将用最简式公式计算出 pH 值，并显示在这个标签里。以方便结果对照。

为了方便书写代码，方便阅读，可以将图 6-9 中的文本框控件的名称全部改成化学公式中的对应符号。（见图 6-12 中各文本框里的字符标注）

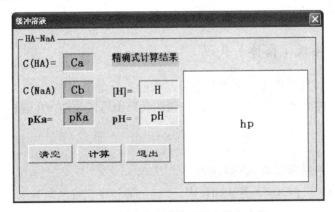

图 6-12　缓冲溶液计算面板中的文本框

选择需要的控件并添加到窗体中后，设置各控件的属性：如字体、字号、颜色、对齐方式、文本框底色等。至此，窗体的基本布局就结束了，下一步工作是代码填写。

计算面板中涉及三个[H$^+$]或 pH 值的计算公式，它们是

（1）最简计算式：$\mathrm{pH} = pK_a + \lg \dfrac{c_{A^-}}{c_{HA}}$ 　　　　（用于 C 较大，pH 在 3-11 间的缓冲溶液）

（2）[H$^+$]精确计算式：$K_a = \dfrac{c_{A^-} + [H^+]}{c_{HA} - [H^+]}[H^+]$ 　　（用于 C 与[H$^+$]较接近的酸性缓冲溶液）

（3）[OH$^-$]精确计算式：$K_b = \dfrac{c_{HA} + [OH^-]}{c_{A^-} - [OH^-]}[OH^-]$ 　（用于 C 与[OH$^-$]较接近的碱性缓冲溶液）

（2）式与（3）式是恒等的，但对于偏碱又很稀的缓冲溶液，按（3）式精确计算[OH⁻]，然后再计算 pH 值，会更方便解题过程中的数学处理。

代码编写要点：

（1）可定义一组新变量，分别与将各个已知量和未知量一一对应，符号相同或相近，在书写化学公式代码时，可保证化学计算表达式与习惯相似，方便阅读程序。定义新变量用 Dim，可以不指定变量类型。这是代码第一部分。

（2）文本框的值应转换成数值型数据。计算公式所需数据几乎都来自计算面板中文本框内的值。而文本框中的数据在系统中一般被视为字符型，而不是数值型，当被用到某些复杂公式中进行计算时，常常出错，其原因是计算公式中的数据不是完全的数值型。书写程序时，首先应将三个文本框的值转换成数值型（转换函数为 Val（ ））。将负对数常数 pKa转换为 Ka。这是代码第二部分。

（3）本例先按最简式计算缓冲溶液的 pH 值，并以信息框形式（MsgBox）显示结果，最简式 pH 值将作为判断需要用哪个精确式计算 pH 值的参考依据。这是代码第三部分。

（4）根据（3）计算的 pH 值选择按[H⁺]或[OH⁻]的精确计算式计算浓度。这是代码第四部分。

（5）将精确式计算的[H⁺]和 pH 值填充到面板上的对应文本框中。这是代码第五部分。

说明：定义变量时，代码无法表示角标，故[H⁺]用 H 变量符号表示，共轭酸碱浓度的 C_a 用 Ca，C_b 用 Cb 表示。又如体积 $V_{1(HCl)}$ 可表示成 V1H 或 V1HCl，使变量符号与化学量符号相近，且最简。

6.2.2 编写计算面板（窗体）代码

根据上述要求和设计思想，即可开始编写代码。双击文档中的"计算"按钮（该按钮的程序名称是"缓冲溶液计算"），打开该按钮的代码编写区（即 VB 编辑器窗口），输入如下代码：

```
Private Sub 缓冲溶液计算_Click()
    Dim pH, Ca, Cb, pKa, Ka, Kb, OH, H        ' 第一步，定义新变量

    Ca = Val(CaT.Text)        ' 第二步，文本框的字符型数据转数值型并赋值给新变量
    Cb = Val(CbT.Text)
    pKa = Val(pKaT.Text)
    Ka = 10 ^ (-pKa)        ' 第二步，将对数值转换成正常值，并赋值给新变量
    Kb = 10 ^ (pKa - 14)

    pH = pKa + Log(Cb / Ca) / Log(10)              ' 第三步，按最简式计算 pH 值
    MsgBox "按最简式计算得 pH=" & Round(pH, 2)     ' 第三步，用信息框报最简式
的 pH 值
```

$H = (((Cb + Ka) \wedge 2 + 4 * Ca * Ka) \wedge 0.5 - (Cb + Ka)) / 2$ ' 第四步，按精确式计算$[H^+]$

$OH = (((Ca + Kb) \wedge 2 + 4 * Cb * Kb) \wedge 0.5 - (Ca + Kb)) / 2$ ' 第四步，按精确式计算$[OH^-]$

    If H > OH Then   ' 第四步，判断：若偏酸则最终结果用$[H^+]$精确计算值及 pH

        HT.Text = H   ' 第五步，将$[H^+]$精确值填充到窗口中$[H^+]$的文本框中

        pHT.Text = -Log(H) / Log(10)   ' 第五步，将$[H^+]$转 pH 值填充到 pH 文本框中

    End If

    If OH > H Then   ' 第四步，判断：若偏碱则最终结果用$[OH^-]$精确计算值来换算

        H = (1.0E-14) / OH   ' 第五步，将$[OH^-]$精确值换算 $[H^+]$

        HT.Text = H   ' 第五步，将$[H^+]$值填充到窗口中$[H^+]$的文本框中

        pHT.Text = -Log(H) / Log(10)   ' 第五步，将$[H^+]$转 pH 值填充到 pH 文本框中

    End If

End Sub

书写代码时，可根据程序执行的结果不同，将程序分为若干个小段，中间可以留空行，在一个小程序段中，可以适当地调整不同的缩进值，方便阅读，也给人一种程序美感。此外，可以在一行代码的右边或下一行添加注释，方便自己和他人阅读，理解代码的内涵。在右边加注释时，应加若干个空格后，输入一个半角逗号，再输入注释内容。程序运行中遇到逗号，即识别为注释，不会执行注释内容。在一个无代码的空行中写注释时，最左边也必须加逗号，以示注释。在上面的代码中，右边的文字部分就属于注释。对于简单的程序段，可以不加注释。

程序段中用到了一种条件语句，其格式是：

IF 条件 Then
   各种操作
End IF

条件及操作的内容和代码，要根据实际问题的设计来编写，一般用判断大小或正负的情况较多。操作部分可以是公式计算，也可以是字符或文本显示。例如，本例窗口设计的帮助内容，就是通过判断 C、Ka、Kw 大小来表述，要使用什么公式来计算 pH 值，并把判别式和文字结论显示在帮助文本框中（帮助内容的代码后述）。

写完代码后，单击编辑器工具栏上的播放图标，即开始运行程序，如果过程中有问题，系统会弹出是中止退出还是调试程序的选择框，当按下"调试"按钮后，系统会调出源程

序，并将某行代码黄色高亮显示，表明：这句代码通不过，存在问题。然后再根据属性、类别、取值等查看存在什么问题。修改代码后再继续调试。计算类软件代码出错最常见的问题有：

（1）计算式中引用了新变量，但没有申明（在 Dim 中没有该变量）。

（2）文本框的数据没有转换成数值型。

（3）计算式中引用数据后，出现了不合理的情况，例如，用负数取对数或开方，分母为零等。

（4）一些语句（如循环语句）中的计算不合理，缺少必要的项或出现死循环等。

（5）公式中的算符使用了全角符号，例如减号使用了" － "，正确的是"-"，错误使用"="，应该是"＝"。InputBox（）等函数格式中错误地使用了全角的逗号、全角的括号。

（6）计算表达式中的指数没有用括号，尤其是指数也是表达式的情况，要养成写指数或复杂分数表达式均加括号的习惯。

（7）计算常用对数时一定要表示成如下形式。

pH = -log（数据或变量名称）/log（10）

因为 VB 中没有 lg 这个函数符号，只有自然对数 log（）的函数符号，故计算后需要转常用对数。

上面的代码中较频繁地使用到文本框的数据，文本框里的值在 VB 语言中默认表示式是 TextBox1.Text、TextBox2.Text……

设置控件属性时，可以将文本框名称 TextBox1、TextBox2、TextBox3 修改为 Ca、Cb、pH 等，它们与计算式中的化学符号相同，方便阅读。但因代码中定义了 Ca、Cb、pH 等变量，为了防止混淆，故在化学名称文本框名的后面加"T"，以示区别变量，所以 5 个文本框的名称分别修改为：CaT、CbT、pKaT、HT、pHT，文本框的值符号为：CaT.Text、CbT.Text、pKaT.Text、HT.Text、pHT.Text。

修改文本框名称时，首字符可以是大小写的英文字母，或中文，但首字符不能是数字，名称不能是系统已用的词，如 Help，但名称改为 Help2 是允许的。

编写好运算代码后，再编写清空与退出按钮的代码。因面板中已含"退出"和"清空数据"两个按钮，所以，可按下面步骤添加它们的代码：

双击"退出"按钮，弹出代码区，填写如下代码

```
Private Sub 退出_Click()
Unload Me
End Sub
```

双击"清空数据"按钮，弹出代码区，填写如下代码（图 6-9 中共有五个可输入的文本框，名称已修改）：

```
Private Sub 清空_Click()
    CaT.Text = ""
    CbT.Text = ""
    pKaT.Text = ""
```

```
        HT.Text = ""
        pHT.Text = ""
End Sub
```

完成上面的设置和代码书写后，返回到 Word 文档编辑界面，点"开发工具/设计模式"，使设计模式按钮弹起（退出），此时，按钮就可使用了。

单击按钮，弹出"缓冲溶液计算"面板，在 Ca、Cb 和 pKa 文本框中输入数据（如 0.1、0.2、4.74，这是醋酸缓冲溶液体系），按下"计算"按钮，[H$^+$]和 pH 计算值就会填充到对应的文本框中，并弹出最简式计算的信息框，见图 6-13，按下确定后，可以看到计算面板中的[H]和 pH 文本框里已经有数据了，见图 6-14。

图 6-13　弹出信息框

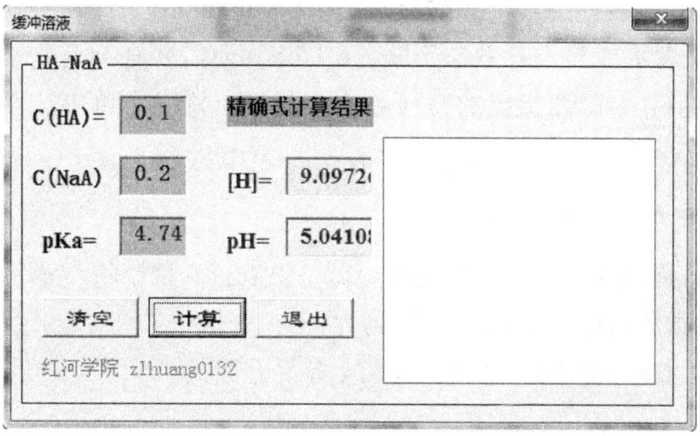

图 6-14　填充有实例计算结果的面板

如果程序代码有问题，系统会及时暂停，询问是终止运行还是调试。进入调试后，程序进度会停留在出问题的那句代码处，代码黄色加亮。请根据上述介绍分析原因修改代码，然后，点击 VB 编辑器窗口上的播放（运行）图标，如果没有问题，则系统会正常运行直到结束，正常显示和填充数据，如果后面的代码还有问题，又会暂停在问题代码处，继续处理修改。

如果没有找到解决问题的方法，又想退出程序，一定要先点击 VB 编辑器工具栏上的停止图标，否则无法进行代码和文档的其他操作。

6.2.3　代码的修改与完善

上面编写的计算代码，已经能够完成基本的计算功能。但还存在一些瑕疵，例如，生成的[H$^+$]值和 pH 值的数据位数多达 16 位（含小数点），读数很不方便。此外，如果能对计算时智能选择公式的条件依据给出一个动态的文本说明（显示），对使用者的学习会更有意义。所以，原代码还可以再作三个修改和补充：

1. 计算结果的数字修约

一个含小数点的数字位数的修定，可以用 VB 函数 Round（数据，小数后位数）。我们约定：pH 值保留小数后 2 位，则原代码中的 pH 值在赋值给 pHT.Text 之前，添加一句代码：

pH = Rount(pH，2)

或者，直接在赋值语句中加入修约小数后位数的函数：

pHT.Text = -Log(H)/Log(10)，2)

对于[H$^+$]数据的修约稍复杂一些，因为它本身是一个非常小的值，例如，共轭酸碱的浓度均为 0.1 mol/L 的醋酸缓冲溶液，pH 值为 4.74（修约为 2 位），[H$^+$]=1.81970085860998E-5，这是电脑计算的结果，是科学计数法的表示方法。如果拟修约成[H$^+$]=1.82E-5，即 1.82×10^{-5}，要用到 Round（）函数，但不能直接转换，可以先让 1.81970085860998E-5 乘 10^5 倍，修约成小数后 2 位后，再除 10^5 倍，[H$^+$]数据修约为含三位非零数字的代码为：H = Round（H*100000，2）/100000

说明：有时因计算值小于 1.0×10^{-5}，转换后非零数字只有 2 位。另外，除非数字极其小，系统自动转换为科学计数法，否则，转换后的数字仍然以小数表示，例如，0.10 mol/L HAc-0.30 mol/L NaAc 的缓冲溶液，精确计算得 pH= .0000061，计算机显示时，小数点前的"0"不显示。如果要表示成科学计数法形式：6.1E-6，还需要补充几句表达形式的代码，用几个连接符"&"将 6.1、E 和指定的幂指数连接起来，构成字符串，再把字符串填充到文本框中，此处不再进一步介绍。

2. 帮助文本框中的信息填充代码

帮助文本框的名称设为 HP，框中的内容即 HP.Text，只要将文本、符号、计算值赋值给 HP.Text，它就能显示内容，例如，若代码为：

HP.Text = "因为 Ca≈[OH]或 Cb≈[OH]，故需用近似式。"

则程序运行时，就会在帮助框中显示引号中的内容。

如果想让帮助文本框根据计算时的条件和公式不同，而显示不同的内容，那么，就需要在程序中添加一个条件语句，然后，根据条件不同，给 HP.Text 文本框赋不同的值（显示不同的内容）。在 HP 文本框中添加帮助内容的代码如下：

```
If Ca > 10 * H And Cb > 10 * H Then
     HP.Text = "因为 Ca>>[H]、Cb>>[H]，" & Chr(10) & "故可用最简式：" & Chr(10) &
"pH=pKa+lg(Cb/Ca)=" & pH
     End If

If Ca <= 10 * H Or Cb <= 10 * H Then
```

HP.Text = "因为 Ca≈[H]或 Cb≈[H]，" & Chr(10) & "故需用近似式。" & Chr(10) & " 求解二次方程得到：pH=" & pH

　　End If

代码解释：

上面有两段不同的显示内容，第一个 IF……End IF 程序段，表示，如果 $C_{HA}>10[H^+]$ 或者 $C_{NaA}>10[H^+]$ 时，则显示下面三个内容（显示在 3 行中，文本不能显示角标，故用[H]代浓度）：

因为 Ca≈[H]或 Cb≈[H]，
故需用近似式。
求解二次方程得到：pH=（pH 的实际计算值）

代码中的 Chr（10）是换行符号，前后各加一个&，是将它与前面和后面的显示内容连接为一个显示的整体，否则要出错。程序执行到 Chr（10），便另起一行，然后显示后面引号里的内容。

第 3 行除了文字、字符显示外，还要将计算的结果也显示出来。而计算结果就是 pH 的数据，它应该从变量 pH 的存贮器中去取，而不是机械地显示字符。从变量中取值显示的情况，直接在连接符&之后加变量即可，而不能用引号来"包含"变量。例如，对于浓度均为 0.10 mol/L 的醋酸缓冲溶液，计算得 pH 值为 4.74，则，帮助文本框显示的内容就是：

因为 Ca>>10[H]或 Cb>>10[H]，
故需用近似式。
求解二次方程得到：pH=4.74

必须注意，连接符&的前后都必须添加空格，多加了空格，系统会调整，但不加空格，系统就报错。一段长文本要分行显示，就要插入换行符 Chr（10），或回车符 Chr（13），或 vbCrLf（相当于 Chr（13）+Chr（10）），前后用&连接。如果显示的内容中涉及由计算式产生数据，或调用变量中的数据，则可在&符号之后加计算式或变量即可，不能加引号。

上面的帮助内容仅仅是酸性缓冲溶液计算时的显示，考虑到碱性缓冲溶液的情况，还要再添加另外两个条件的显示内容。

3. 用标签标题动态显示最简式计算结果

在本软件中，面板上显示的[H^+]和 pH 值都是用精确式计算的，在程序执行过程中，虽然也用最简式计算 pH 值，并用信息框函数 MsgBox 显示了最简式计算的 pH 值，但一晃而过，没有留下记录，最后看不到这个参考值。要让最简式的计算值留在计算面板中，可以采用两个方法：一是添加一个最简式 pH 值的文本框和标签，二是直接在某个标签上显示 pH 值，而不必用文本框。下面介绍用标签名称显示最简式 pH 值的方法。

设计窗体时，在帮助窗口顶部，添加一个标签控件（Label8），标签的 Caption 属性改写为："最简式计算：pH 值"，因为标签的 Caption 值是可以在程序运行中用赋值的方法修改的，所以，可以在计算出最简式 pH 值后，添加一句修改标签 Caption 的代码：

Label8.Caption = "最简式 pH=" & Round（pH，2）

式中的 pH 值就是用最简式计算的 pH 值，它的意思表明：用引号中的字符加计算的 pH 值显示在标签 Label8 上。在上面的代码中，使用了指定小数后位数的函数 Round（），因为这个计算值是可变的，须根据实际条件来计算产生，所以，当它与文本内容"最简式 pH= "相连（&为连接符）时，& Round（pH，2）是不能带引号的。为了让显示的 pH=与数值合理、大方一些，可以在 "=" 之后添加空格，再加右引号。因为变量 pH 的存贮单元即用于最简式计算值，又用于精确式计算值，所以，上面的代码必须在精确式计算之前执行，用 MsgBox 显示最简式 pH 值的信息也必须在精确式计算之前。否则，精确式 pH 值产生后，最简式的值将被直接覆盖，无法再显示最简式的 pH 值。

修改补充后的部分代码为：

…………

(前部分省略)

```
If H > OH Then
        H = Round(H * 100000, 2) / 100000
        HT.Text = H
        pHT.Text = -Round(Log(H) / Log(10), 2)

    If Ca > 10 * H And Cb > 10 * H Then
        HP.Text = "因为 Ca>>[H]、Cb>>[H], " & vbCrLf & "故可用最简式: " & vbCrLf
& "pH=pKa+lg(Cb/Ca)=" & pHT.Text
    End If

    If Ca <= 10 * H Or Cb <= 10 * H Then
        HP.Text = "因为 Ca≈[H]或 Cb≈[H], " & vbCrLf & "故需用近似式。" & vbCrLf
& "求解二次方程得到: pH=" & pHT.Text
    End If

End If

If OH > H Then
        H = 0.00000000000001 / OH
        H = Round(H * 100000, 2) / 100000
        HT.Text = H
        pHT.Text = -Round(Log(Val(HT.Text)) / Log(10), 2)
```

```
        If Ca > 10 * OH And Cb > 10 * OH Then
            HP.Text = "因为 Ca>>[OH]、Cb>>[OH]，故可用最简式：" & vbCrLf &
"pH=pKa+lg(Cb/Ca)=" & pHT.Text
        End If


        If Ca <= 10 * OH Or Cb <= 10 * OH Then
            HP.Text = "因为 Ca≈[OH]或 Cb≈[OH]，故需用近似式。" & vbCrLf & "求解二
次方程得到：pH=" & pHT.Text
        End If
    End If
```

6.3 Word 文档中化学式的批量转换程序

6.3.1 录制角标宏

用 Word 编写化学文档时，会涉及大量化学式的录入。常规处理方法是：选择一个数字或字符，点击工具栏上的 X_2 或 X^2，那个数字或字符就变上标或下标了，需要逐个地选择-转换，很费时间；另一个快捷的方法是用格式刷快捷转换同一类角标，格式刷法减少了一半操作（它将选择字符和刷格式合为一个动作），可以显著地提高角标编辑速度。实际上还可以用普通替换方法来批量转换角标，由此，可以获得很高的转换率，如果将各类角标转换的操作录制成宏，并对代码进行优化，则可使成百上千的角标转换瞬间完成，极大地提高化学文档编辑速度。下面介绍角标宏的录制方法。

批量替换角标的设计思想：

（1）遵循先录入后转换原则。录入文档时，不考虑上下角标，按文本正常显示录入化学式，当文档全部或大部录入完毕后再转换角标。

（2）录入时角标加标识。为了方便后续角标替换操作，我们约定，正常录入化学式或离子式时，上标后面添"*"号，下标下面添"#"号（也可以用其他符号来标识）。在中文输入状态下，按住 Shift 键，就可以直接输入*和#号，不需要中西文切换，既方便又快速。还可以将输入频繁的#号复制到剪贴板中，输入化学式符号要添加下标标识符时，直接按快捷键"Ctrl+V"。

（3）用替换功能全文替换上标和下标。全文录入完毕，调出"替换"（可按 Ctrl+H 键）窗口，在"查找内容"栏输入带*号的上标，如 3+*，在"替换为"栏输入 3+，然后，点"更多/格式/字体"，按下"全部替换"按钮，则全文带"*"号的数字符号瞬间全部转换为无*号的上标。然后，再逐一地替换 2+*、3-*、2-*等，最后再替换不含数字的+*和-*（这个顺序非常重要）。完成上标转换后，再改为下标替换，方法同上。这样，所有带"*"，带"#"号的数字符号，都可以全部替换成角标。其他非化学式的角标，也用同样的方法处理，如 K_a 中的"a"替换。摩尔浓度的符号 $mol \cdot L^{-1}$，也可以用输入的 M*来分步替换得到。

上述的批量替换角标方法，比常规处理方法快捷得多，但每次都要逐类地输入和替换，仍然是一项劳心的工作。如果将替换操作录制成一个角标宏，则任何化学文档，只要输入时添加*和#号，替换工作就留给宏来完成，可以减少很多操作时间，而且转换速度奇快。下面介绍角标宏的录制步骤：

（1）在一个空文档中输入化学式：SO4#2-*

（2）点工具栏的"开发工具"，点左边的录制宏按钮  录制宏。当按下此按钮后，会弹出如下的设置窗口：

图6-15 录制宏的设置窗口

窗口中的"宏1"可以修改，例如改为"角标宏"或"jb"。默认是保存在Word的通用模板上，可以供使用该台电脑的人使用，如果选择保存在当前文档中，则只宏只存在当前在编的文档，以后使用这台电脑的其他人及其他word文档中都不使用这个角标宏。如果不添加启动这个宏的按钮或快捷键，则直接按下确定即可。

当按下"确定"后，操作者的任何编辑排版及其他文档操作都将被系统一一记录，并默默地自动编写成VB代码。这个过程就是宏录制的过程。

（3）录制宏开始后，按下按Ctrl+H键，调出替换窗口。按上述方法，将依次全文替换4#替换为下标"$_4$"，替换2-*为上标"$^{2-}$"，然后停止录制宏。

上述3个步骤完成了一个简单角标宏的录制。点"开发工具/宏"按钮，会弹出"宏"的窗口，可以从通过滚动条找到新录制的用户宏"角标宏"。

图6-16 宏窗口中的"角标宏"

宏窗口中有很多宏，这是其他软件安装时带进的宏。最底部是用户自己制作的"角标宏"

为什么只录制一个上标和一个下标转换的操作？因为角标宏的操作替换操作都是相同或相似的，而且电脑已经录制了宏代码，在下一小节中介绍宏的 VBA 代码时会发现，只要有一个上标操作代码，就可以将代码复制-修改-推广到各种可能的上标替换中，同样也能复制和推广到更多的下标替换中，不必要将所有可能的操作都作宏记录。

运用这个角标宏时，只需要调出这个宏名窗口，找到和选中要执行的宏名，再点击右边窗口中的"运行"，文档中有标识的角标就能瞬间变化为化学式中的下标和上标。如果不想用它了，则选中宏，点击右边的"删除"按钮，即可以完全删除。

录制宏时，电脑究竟写了一些什么程序代码？如何修改和拓展？看下面的 VB 代码。

6.3.2　认识和修改角标宏的 VB 代码

宏记录实际上是一段 VB 代码的记录，当选中图 6-16 中刚录制的宏名后，点右边的"编辑"按钮，就可以调出 VB 编辑器，并自动装入角标宏的 VB 代码，见图 6-17。

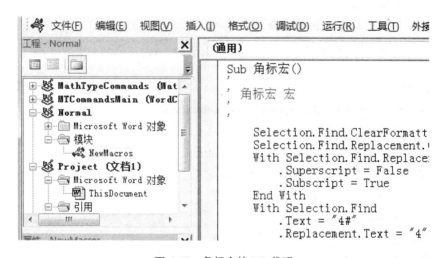

图 6-17　角标宏的 VB 代码

在 VB 编辑器中，用户录制的宏被保存在 Normal 模板的模块里，没有宏记录，窗口左边浏览器里可以查看有哪些宏，个人用户的宏放在新建的"模块"里，如果删除了全部个人用户的宏，"模块"就自动消失。在 VB 项目管理器里，用户新建的宏在模块里被系统命名为"NewMacros"，双击这个模块就能显示出宏的 VB 代码来（右边）。SO4*2-*

上面的角标宏只作了一个上标替换和一个下标替换，机器书写的 VB 代码如下：

```
Sub 角标宏()
'
' 角标宏 宏
'
'
    Selection.Find.ClearFormatting
```

```
Selection.Find.Replacement.ClearFormatting
With Selection.Find.Replacement.Font
    .Superscript = False
    .Subscript = True
End With
With Selection.Find
    .Text = "4#"
    .Replacement.Text = "4"
    .Forward = True
    .Wrap = wdFindContinue
    .Format = True
    .MatchCase = False
    .MatchWholeWord = False
    .MatchByte = True
    .MatchWildcards = False
    .MatchSoundsLike = False
    .MatchAllWordForms = False
End With
Selection.Find.Execute Replace：=wdReplaceAll
Selection.Find.ClearFormatting
Selection.Find.Replacement.ClearFormatting
With Selection.Find.Replacement.Font
    .Superscript = True
    .Subscript = False
End With
With Selection.Find
    .Text = "2-*"
    .Replacement.Text = "2-"
    .Forward = True
    .Wrap = wdFindContinue
    .Format = True
    .MatchCase = False
    .MatchWholeWord = False
    .MatchByte = True
    .MatchWildcards = False
    .MatchSoundsLike = False
    .MatchAllWordForms = False
End With
```

```
Selection.Find.Execute Replace：=wdReplaceAll
End Sub
```

下面，先简化代码，再解释代码作用。

1. 简化 VB 代码

通过作者试验表明，角标宏的代码中，凡是含"= False"的语句，都可以删除，不会影响上下标的替换。简化后的代码为（右边加注了代码功能，作者用空行把各个功能代码分开）：

```
Selection.Find.ClearFormatting              ' 第 1-2 句：清除查找和替换的格式要求
Selection.Find.Replacement.ClearFormatting

With Selection.Find.Replacement.Font        ' 第 3-5 句：设定下面的替换为下标
    .Subscript = True
End With

With Selection.Find                         ' 第 6-14 句：完成一个文本的查找和替换
    .Text = "4#"
    .Replacement.Text = "4"                 ' 前面已经指定替换后字体为下标
    .Forward = True
    .Wrap = wdFindContinue
    .Format = True
    .MatchByte = True
End With
Selection.Find.Execute Replace：=wdReplaceAll           ' 这告诉系统要全文替换

Selection.Find.ClearFormatting              ' 这 2 句：清除查找和替换的格式要求
Selection.Find.Replacement.ClearFormatting
With Selection.Find.Replacement.Font        ' 这 3 句：设定下面的替换为上标
    .Superscript = True
End With

With Selection.Find                         ' 这 9 句：完成一个文本的查找和替换
    .Text = "2-*"
    .Replacement.Text = "2-"                ' 上面已经指定替换后字体为上标
    .Forward = True
    .Wrap = wdFindContinue
```

```
            .Format = True
            .MatchByte = True
        End With
        Selection.Find.Execute Replace：=wdReplaceAll          ' 这句告诉系统要全文替换
End Sub
```

2. 代码书写规律

上面简化后的代码主要包括三个部分：

（1）清空查找和替换的原有格式（共 2 句）。

（2）指定下面替换内容的字体格式（共 3 句）。

（3）要替换的字符内容，而且是全文替换（共 9 句）。

当一种字体格式的替换完毕，要进行另一种字体格式的替换时，必须清空查找和替换的格式。很显然，如果没有更换（或清空）格式，则后面再进行其他字符的替换时，仍然保留了当前的格式。居于这个特征，使用者可以在清空当前格式之前，补充更多的替换内容（即第三部分的 9 句代码），使同类字体的替换范围更广。

例如：在第 15 句 Selection.Find.ClearFormatting 之前，补充如下的程序段

```
        With Selection.Find
            .Text = "3#"
            .Replacement.Text = "3"
            .Forward = True
            .Wrap = wdFindContinue
            .Format = True
            .MatchByte = True
        End With
        Selection.Find.Execute Replace：=wdReplaceAll
```

便可以增加替换 3#为"$_3$"的功能，不断地复制和粘贴上面这个程序段，修改其中的 3# 和 3 内容，就可以得到所有你想替换的下标内容，例如，替换 $K\text{sp}\#$ 为 K_{sp}。当然，替换内容必须含 "#"。

要增加替换上角标的内容时，必须将上面的程序段复制-粘贴在

```
With Selection.Find.Replacement.Font
            .Superscript = True
End With
```

这 3 句之后，因为它指定后面替换为上角标。

上面 9 句替换内容的代码可以用在上标，也可以用在下标替换中，注意，上标加*号，下标加#。究竟变上标还是变下标，其实是由前面的字体格式来决定的。

如果要进行物质的量浓度转换，输入 M*，转换成 mol·L^{-1}，则可以分两步来实现，首先将 M*转为 mol·L-1*，然后，再将-1*转为上标"$^{-1}$"。如果要将这两段代码也写入角度宏中，则需要将两代码分开插入到角标宏代码中，方法是：

将下面的代码，即实现第一步转换的代码，插入到上面总代码的第三句之后，在所有上标和下标的代码之前

```
With Selection.Find
    .Text = "M*"
    .Replacement.Text = "mol·L-1*"
    .Forward = True
    .Wrap = wdFindContinue
    .MatchCase = True
    .MatchByte = True
End With
Selection.Find.Execute Replace：=wdReplaceAll
```

第二步上标转换的代码

```
With Selection.Find
    .Text = "-1*"
    .Replacement.Text = "-1"
    .Forward = True
    .Wrap = wdFindContinue
    .Format = True
    .MatchCase = True
    .MatchByte = True
End With
Selection.Find.Execute Replace：=wdReplaceAll
```

要插入到某个上标转换的代码之后即可。

特别注意：在补充各种带正、负电荷的上标程序段时，如 2+*、+*（如 H$^+$）、2-*、-*（如 I$^-$），务必要将+*和-*放在同类替换的最后面。例如+*转"$^+$"的程序段必须在 2+*转"$^{2+}$"等程序段之后，否则，宏运行时，优先将所有 2+*、3+*中的+*转成上标后，前面的数字就不能再转换了。负电荷转换也如此。

3. 宏的导出与导入

修改好的宏代码，可以保存在 Office 软件系统中，也可以以文件形式导出和导入。宏代码本身就是 VB 程序，所以导出的宏代码是以 bas 文件，可以用记事本打开阅读。

导出方法：进入 VB 编辑器，点菜单中的"文件/导出文件"，就可以将宏保存成一个 bas 文件，可以分享给其他，在其他电脑上使用。

导入方法：打开 VB 编辑器，点菜单中的"文件/导入文件"，就可以将宏文件（.bas）导入到 Word 的模板文件中。就可以使用其中的宏。

如果要删除宏，可以从宏窗口中删除，也可以在 VB 编辑器中，从左窗口的资源管理器里找到要删除的宏，点"文件/移除某某宏"，就可以自动删除代码。

6.3.3 普通化学文档的角标转换方法

上面介绍了角标转换的方法和详细代码，所有角标的转换都是在字符后添加上标识别符"*"和下标识别符"#"，来实现定向查找，这种处理自然也会给输入工作增加一定的负担。能否只按常规习惯输入，不添加任何标识符，就能将无标识符、无格式的化学式转换成有上下角标的规范化学式？试验表明，这个要求是可以实现的。下面介绍作者编写的无格式化学式转换宏的方法要点。

1、按类别查找具有数字或加减号"后缀"的所有原子团，修改为带"#"或带"*"号的原子团（添加标识符，称添"*"替换和添"#"替换）。

2、第一类角标为离子，即阴离子和阳离子。与 6.3.2 的标识符表达不同的是，替换后的离子电荷含两个标识符，目的是将替换后的离子电荷"屏蔽"起来，不会被二次替换为下角标。如要将"S2-"最终替换为"S^{2-}"，第一步应替换为"S*2-*"，第二步再将"*2-*"替换为上角标"$^{2-}$"，如果仍然按 6.3.2 的表示法替换为"S2-*"，则在后续的下角标替换中，"S2"会被替换成"S2#"，最终当做下角标处理，造成错误转换。所有的离子添"*"替换均按带电荷的原子团来查找，以过滤文档中的其他非角标"-"号或"+"号（过滤反应式中的"+"）。为了避免将化学方程中的"+"当电荷来替换，约定：在录入文档中的化学方程式时，应该将物质间的"+"号前后添加一个半角空格，以区别正电荷离子。

3、在完成全部离子的添"*"替换后，进行第二类角标替换，即下标的添"#"替换。同理，所有的离子添"#"替换均按带电荷的原子团来查找，以过滤文档中的其他非角标数字，尤其是要过滤方程式中的反应系数。为防止意外，也将下标数字前后添加"#"。例如，符号 HO2-，它是过氧化氢酸根式子 HO_2^-，当分步替换时，第一步替换应该生成"HO2*-*"，第二步替换应该生成"HO#2#*-*"，因为是以原子团来表达，故两步替换可一次实现，一步替换成"HO#2#*-*"。

4、完成原子团的标识后，即可执行上下标的通用替换，查找内容为"#2#"，替换成下标的"$_2$"；而查找内容为"*-*"，替换内容为上标的"$^-$"。

上面介绍的替换，应该按 1、2、3、4 的顺序进行，否则，会出现意外错误。

替换原则：

1、替换中要查找的内容必须是（原子团+数字符），通过捆绑原子团的查找，能够有效过滤掉非角标的数字和正负号。

2、复杂离子的电荷替换，必须逐一地替换，穷尽同一复杂离子可能的全部情况。例如，Fe^{3+} 与 F^- 可以构成 6 种配离子：FeF^{2+}、FeF_2^+、FeF_3、FeF_4^-、FeF_5^{2-}、FeF_6^{3-}，普通非角标输入形式是

FeF2+、FeF2+、FeF3、FeF4-、FeF52-、FeF63-

在进行离子替换设计时，应该把 6 种离子的角标替换全部完成后，再添加其他元素的一组替换（例如，铜-氨溶液的自动替换）。离子替换时应坚持先复杂离子，再简单离子，全部离子替换完毕，再换其他离子组的替换。

由于化学文档中几乎遇不到英文单词尾部连接数字、电荷的情况，所以，原子团捆绑化学元素符号的情况可以非常精准地指向化学式和离子式。

根据上面的设计思想，可以编写无标识的角标宏转换程序。

角标宏程序的 VB 代码应包括三部分：

1. 简单阴离子-阳离子添*替换程序段

（1）简单阳离子-常见阴离子添*程序，以 $Mg2+$ 转 $Mg*2+*$ 为例，代码为：

```
Selection.Find.ClearFormatting
Selection.Find.Replacement.ClearFormatting

With Selection.Find
    .Text = " Mg2+"
    .Replacement.Text = " Mg*2+*"
    .Forward = True
    .Wrap = wdFindContinue
    .MatchCase = True
End With
Selection.Find.Execute Replace：=wdReplaceAll
```

作用：清除原格式（1-2 句），全文查找 $Mg2+$；全部替换为 $Mg*2+*$。

其他离子，如 $Ca2+$，$Cl-$ 等，可以不断地复制 With Selection.Find …… End With 的程序段，粘贴到后面，修改其中第二、第三句中的离子形式即可。

如果阴离子的上下角标相邻，在这里可以一步完成替换：

```
With Selection.Find
    .Text = "SO42-"
    .Replacement.Text = " SO#4#*2-*"
    .Forward = True
    .Wrap = wdFindContinue
    .MatchCase = True
End With
Selection.Find.Execute Replace：=wdReplaceAll
```

将全部阳离子和全部简单阳离子的替换代码都加进去。

（2）复杂阴离子的*替换

如 Zn（NH3）22+，离子中上下标都包含，则可以一步到位，数字全部替换，代码为：

```
With Selection.Find
    .Text = " Zn（NH3）22+"
```

```
        .Replacement.Text = " Zn（NH#3#）#2#*2+*"
        .Forward = True
        .Wrap = wdFindContinue
        .MatchCase = True
    End With
    Selection.Find.Execute Replace：=wdReplaceAll
```

将所有的锌-氨络离子都在此处粘贴和修改。然后，再修改和增加其他阳离子的添*程序，有序地粘贴进去。复杂阴离子的程序段都可以直接放在简单离子的后面，不需要清除格式。清空格式的第 1-2 句不修改。

2. 下角标添#替换程序段

对于下角标的设置，它对应的代码与上述内容相同，复制上面的代码，修改其中第二、三行的替换内容，如磷酸的代码是

```
    With Selection.Find
        .Text = " H3PO4"
        .Replacement.Text = " H#3#PO#4#"
        .Forward = True
        .Wrap = wdFindContinue
        .MatchCase = True
    End With
    Selection.Find.Execute Replace：=wdReplaceAll
```

各种复杂阴离子和阳离子的代码，可参考上面的设置，修改为离子名称即可。
将可能的阴离子和阳离子的程序全部粘贴到上面。

3. 角标终极替换程序段

完成全部添*替换和添#替换后，便可以按 6.3.2 的代码格式书写角标终极替换程序。
下标终极替换代码为（以下标"2"为例）：

```
    Selection.Find.ClearFormatting
    Selection.Find.Replacement.ClearFormatting

    With Selection.Find.Replacement.Font
        .Subscript = True
    End With
    With Selection.Find
        .Text = "#2#"
        .Replacement.Text = "2"
        .Forward = True
        .Wrap = wdFindContinue
        .Format = True
```

```
        .MatchByte = True
    End With
    Selection.Find.Execute Replace：=wdReplaceAll
```

'　#3#、#4#、#5#等下标字符的全文替换代码，包括某些常数的下标字符替换代码（如 K_{sp}），依次放在此段的下面。

上标终极替换代码为（以上标"2+"为例）：

```
    Selection.Find.ClearFormatting
    Selection.Find.Replacement.ClearFormatting

    With Selection.Find.Replacement.Font
        .Superscript = True
    End With
    With Selection.Find
        .Text = "*2+*"
        .Replacement.Text = "2+"
        .Forward = True
        .Wrap = wdFindContinue
        .Format = True
        .MatchByte = True
    End With
    Selection.Find.Execute Replace：=wdReplaceAll
```

'　把*2-*、*3+*、*3-*、*-*、*+*、*-1*等上标字符的全文替换代码，包括某些常用的幂指数字符替换代码（如 dm^3），依次放在此段的下面。

按 1、2、3 程序段的顺序，将全部代码合并在一起，就构成了无标注化学式的角标宏代码，当然，其中还可以插入所有想替换为下标或上标的任何字符。

由此编写的角标宏代码可能会很庞大，但对一般配置的电脑 cpu 速度而言，运行角标宏所占用的时间仍然很短暂，不足为虑。

VBA 还有很多强大的功能，在 Excel、PPT 中都有广泛的应用。相对而言，VBA 在 Word 中的应用报道较少，诸如构建计算面板和角标宏的应用等，尚未见报道。但 VBA 在 Excel 中的应用报道更多，有兴趣的读者可以注册和登录 ExcelHome（网址 http：//www.excelhome.net/），参与学习和讨论。

参考文献

[1] 方利国. 计算机在化学化工中的应用[M]. 北京：化学工业出版社，2011.

[2] 马江权，杨德民，龚方红. 计算机在化学化工中的应用[M]. 北京：高等教育出版社，2005.

[3] 方奕文. 计算机在化学中的应用[M]. 广州：华南理工大学出版社，2000.

[4] 孙宏伟. 计算机在化学中的应用[EB/OL].

[5] 张晶香，夏彬应. 用 PPT 触发器制作交互性地理野外实践课件[J]. 数字技术与应用，2013（7）：186

[6] 李晓玫，杨小平. Excel 中的 VBA 程序设计[J]. 四川师范大学学报：自然科学版，2004，27（4）：423-425.

[7] 毛奔，邹岚. 利用 VBA 在 Word 中实现自动排版功能[J]. 应用科技，2005：32（11），37-39.

[8] Hart-Davis G. VBA. 杨密，杨乐，柯树森，译. 从入门到精通[M].北京：电子工业出版社，2008.

[9] 张昌松，郭晨洁. Origin7.5 入门与提高[M]. 北京：化学工业出版社，2009.

[10] 黄杰机，赵虎林. 用牛顿迭代法在 Excel 中计算平均发展速度[J]. 市场论坛，2015（3）：26-27.

[11] 李瑞. Excel 在化学反应平衡计算中的应用[J]. 科学之友，2011（20）：138-139.

[12] 邱家学. Excel "规划求解" 在紫外分光光度法试验数据处理中的应用[J]. 数理医药学杂志，2005，18（2）：176-178.